ビジュアル
地球探検図鑑

おどろくべき大地の姿とメカニズム

日本語版監修　田近英一

ビジュアル 地球探検図鑑

おどろくべき大地の姿とメカニズム

日本語版監修　田近英一

もくじ

かけがえのない地球
08

宇宙のなかの地球	10
いくつもの層に包まれた惑星	14
活動的な地球	16
地殻の誕生	18
大陸が衝突する場所	20
大地を動かす地震	24
熱くふきあげる火山	26
地下からわきでる温泉・間欠泉	28
岩石の惑星	32

大地が見せる衝撃の構造
34

巨大な力が山をつくる　アンデス山脈	36
少しずつ動いている地殻　サンアンドレアス断層	40
神聖な山　ウルル（エアーズロック）	42
世界の屋根　エベレスト	44
乾ききった砂山　ナミブ砂漠の砂丘	46
六角柱の奇妙な石段　ジャイアンツコーズウェイ（巨人の石道）	48
色とりどりの谷　グランドキャニオン	50
輝く塩の海　ウユニ塩原	54
おとぎの国の世界　カッパドキア	56
死の世界　アタカマ砂漠	58
風がきざんだ彫刻　白砂漠	60
石灰岩のナイフ　ツィンギ	62
大陸が引きさかれる!?　大地溝帯（グレートリフトバレー）	64
失われた世界　ロライマ山	68
自然の排水路　アンテロープキャニオン	70

火と水蒸気
72

炎の川　キラウエア山	74
火山ができる場所　ハワイ諸島	78
炎をたたえる溶岩の湖　エルタアレ山	80
色とりどりの池　ダロルの温泉	82
わきたつ泥　ロトルアカルデラ	84
焼けつくほどの熱さ　ブラックスモーカー	86
炎を上げる島　火山島ジャワ	88
激しい火山活動　エトナ山	90
超巨大火山―スーパーボルケーノ―　イエローストーンカルデラ	94

氷が生んだ景観
98

氷の川　カスカウルシュ氷河	100
氷がけずる　氷河時代のあと	102
深く雄大な谷　ノルウェーのフィヨルド	104
青く美しい氷の洞くつ　メンデンホール氷河	106
極寒の氷の大陸　南極	108
ただよう氷の島　氷山	112
きらきらと輝く霜の花園　フロストフラワー	114
分厚い氷の湖　バイカル湖	116

Original Title: SuperEarth
Copyright © 2017 Dorling Kindersley Limited
A Penguin Random House Company

Japanese translation rights arranged with
Dorling Kindersley Limited, London
through Fortuna Co., Ltd. Tokyo.

For sale in Japanese territory only.

Printed and bound in China

A WORLD OF IDEAS: SEE ALL THERE IS TO KNOW
WWW.DK.COM

文　ジョン・ウッドワード　　コンサルタント　イアン・スチュワート

●日本語版
監修　田近英一（たぢか・えいいち）
東京大学大学院理学系研究科地球惑星科学専攻・教授。理学博士。専門研究分野は地球惑星システム科学、比較惑星環境進化学、アストロバイオロジー。地球や惑星の表層環境（気候、大気・海水組成、生命圏）がどのように形成・進化・変動するのか、そしてそれが生命の誕生・進化・絶滅とどのように関係するのかといった問題に関する研究に取り組んでいる。
翻訳　竹田純子（株式会社オフィス宮崎）
編集　室橋織江（株式会社アマナ／ネイチャー＆サイエンス）
編集協力・校正　菅原千聖
デザイン・装丁　西山克之・小林友利香（ニシエ工芸株式会社）
表紙写真　アマナイメージズ、PIXTA

水がつくる世界　118

壮大な滝　ビクトリア滝	120
巨大な洞くつ　ソンドン洞	122
熱帯雨林を流れる大河　アマゾン川	124
輝く塩湖　死海	126
虹のように輝く川　キャノクリスタレス川	128
青い段丘　パムッカレ	130
生きている岩石　グレートバリアリーフ	132
広大な湿地帯　ガンジスデルタ	136
青空から落ちる　アンヘル滝	138
海底の青く深い穴　グレートブルーホール	140
強アルカリ性の湖　ナトロン湖	142

激しい気象現象　144

電撃のこわさ　激しい雷雨	146
嵐の前ぶれ　スーパーセル	150
おそろしくうずまく風　竜巻	152
大地に衝突する風雨　ダウンバースト	154
荒れくるう嵐　ハリケーン（台風）	156
一瞬で凍りつく水　氷の嵐（雨氷）	160
立ちのぼる炎　炎の竜巻（ファイアデビル）	162
幻想的な光のショー　オーロラ	164
どしゃぶりの大雨　南アジアのモンスーン	166
息がつまるほどの砂ぼこりの雲　砂嵐	168

災害の現場　170

地震多発地区　フィリピンの地震	172
命をうばう大波　日本の津波	174
なだれおちる炎　ベスビオ山	176
突然の大爆発　ピナツボ山	178
ファイアストーム　暗黒の土曜日（森林火災）	182
街をのみこむ高潮　ハリケーン「カトリーナ」	184
干ばつと飢え　サヘルの干ばつ	186

命をはぐくむ地球　188

生き物たちの楽園　熱帯雨林	190
熱帯の草原　サバナ	192
干ばつを生きのびる　砂漠	194
豊かな四季の恵み　温帯地域の森	196
きびしい冬　タイガ	198
極地を取りまく荒原　ツンドラ	200
海のなかでのかかわりあい　海洋生物のすみか	202
用語解説	204
さくいん	206

ビジュアル地球探検図鑑
おどろくべき大地の姿とメカニズム

発行　2018年11月　第1刷
発行者　長谷川 均
編集　堀 創志郎
発行所　株式会社ポプラ社
〒102-8519　東京都千代田区麹町 4-2-6　住友不動産麹町ファーストビル 8・9F
電話　03-5877-8103（営業）　03-5877-8113（編集）
ホームページ　www.poplar.co.jp（ポプラ社）
ISBN978-4-591-15964-4　N.D.C.450／208p／31cm

乱丁・落丁本は送料小社負担でお取り替えいたします。小社製作部宛てにご連絡ください。
電話：0120-666-553　受付時間：月～金曜日9：00～17：00（祝日・休日はのぞく）
本書のコピー、スキャン、デジタル化等の無断複製は著作権法上での例外を除き禁じられています。本書を代行業者等の第三者に依頼してスキャンやデジタル化することは、たとえ個人や家庭内での利用であっても著作権法上認められておりません。
P7008010

変化する星、地球

　わたしたちは、じつに見どころの多い惑星にすんでいます。見どころが多いというのは、景色のような目に見えるものだけではありません。ゆっくりと続いている活動についてもいえることです。地球は、地下では内部の熱によって、地上は太陽の熱で温められて、いつもどこかで活動が起きています。ゆっくりゆっくり動くプレート、変わりやすい潮の流れ、うずを巻く大気などが組みあわされて、魅力的でさまざまな自然環境が生まれるのです。

　この本には、変化を続ける活動的な地球のすがたがいきいきと描かれています。世界各地の息をのむような美しい風景を紹介するページもあれば、かけがえのないこの地球がどのようなしくみで動いているかをくわしく説明するページもあります。

　イエローストーンの色あざやかな鉱泉から、雄大な岩山ウルルまで、この本では、46億年におよぶ地球の歴史のなかでつくりあげられた絶景を楽しむことができます。わたしたちの星、地球では、いたるところでおどろきの光景、ふしぎな現象に出会えるのです。

プロフェッサー　イアン・スチュワート

第1章

かけがえのない地球

わたしたちのすむ地球は、
46億年ほど前、宇宙にただようガスが集まって、
そのガスにふくまれていたちりが小さな天体となり、
それらが衝突をくりかえして誕生しました。
そして、いまもなお活発に活動を続けています。
地表のはるか下からわきあがる熱によって、
プレートはいつもゆっくりと移動し、
その動きにつれて海と大陸も
形を変えています。

宇宙のなかの地球

地球は太陽のまわりをまわる8つの惑星のひとつだ。恒星の太陽を中心とする太陽系には、惑星のほかにも、もっと小さな天体（準惑星、衛星、小惑星、すい星など）がたくさんふくまれている。宇宙には、太陽系のように、恒星とその周囲をまわる惑星という組みあわせが数えきれないほどある。しかし、わたしたちの知るかぎり、生命が誕生して生きていくのに必要な条件をすべて満たしている惑星は、地球しかない。

太陽系

太陽は約46億年前にちりとガスの巨大なかたまりから生まれた。このちりとガスの残りが、太陽のまわりに円盤状に広がって回転するようになった。時がたつとともに、ちりとガスが集まって太陽系に惑星ができはじめる。惑星には、おもに岩石でできた比較的小さい地球型惑星と、ガスがおもな成分の巨大な木星型惑星とがある。

太陽系の中心にある太陽は中くらいの大きさの恒星で、高温のガスの巨大なかたまりだ。地球の生物が生きるために必要な熱と光はほぼすべて、太陽から届く。

地球からも見える、氷の粒でできている環が印象的な土星は、太陽系で2番目に大きい。木星と同じで多くの衛星をもち、大気も同じように荒れくるっている。

地球は表面積の約70％が水におおわれている。また、陸地の大部分は6つの大陸に分かれている。

水星は惑星のなかではいちばん小さい。表面には、月と同じようなクレーターがたくさんある。

金星には、酸性の黄色い雲が分厚くかかっている。約460℃という表面温度は、太陽系の惑星ではいちばん高い。

火星は地球より小さくて温度が低い。岩石に多くふくまれている鉄分が、火星特有のさびた赤い色合いを出している。

小惑星帯には、惑星ができたときに取りのこされた、数えきれないほど多くの小さな岩石や氷がただよっている。

地球型惑星

太陽に近い4つの惑星（水星、金星、地球、火星）は、岩石や金属でできている。それぞれの惑星は、大きさと重力のちがいで、うすい大気の層があるものと大気がほとんどないものがある。地球だけが、液体の水をもっている。4つの惑星は、同じ平面上で太陽のまわりをまわっているが、太陽からの距離がそれぞれちがう。

すい星は氷とちりのかたまりで、太陽系を横切って太陽に近づき、そのまわりを1周してから海王星の向こうに消えていく。

エッジワース・カイパーベルトには、太陽系が生まれたときに取りのこされた氷や岩石のかけらが集まっている。

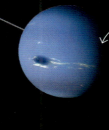

海王星は太陽からもっとも遠い惑星で、約165年かけて太陽のまわりを1周する。おもにさまざまな種類の氷でできている。

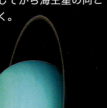

天王星は、青緑色のメタンの雲でおおわれている。また天王星の自転軸は、横だおしであることが知られている。

準惑星

地球型惑星と木星型惑星のほか、太陽系には氷や岩石でできた準惑星が少なくとも5つあり、冥王星はそのひとつだ。準惑星も太陽のまわりをまわるが、惑星とちがい、軌道に小惑星などのほかの天体がある。冥王星は球形のとても大きな小惑星といってもよく、海王星のかなたにあるエッジワース・カイパーベルトで、岩石や氷でできた多くの小惑星といっしょに太陽のまわりをまわっている。

木星の中心にはかたい核がある。その表面は、さまざまな色のガスが帯のようにかこんでいる。ガスはうずを巻き、とけあって猛烈な嵐を引きおこす。木星は太陽系でもっとも大きい惑星で、69個の衛星をもつ（2018年現在）。

木星型惑星

木星、土星、天王星、海王星は、ガスと液体と氷でできた巨大な惑星で、中心に岩石でできた小さな核がある。木星型惑星は地球型惑星よりはるかに大きく、なかでも最大の木星の体積は、地球の1300倍以上ある。木星型惑星のまわりには、多くの衛星と、土星の環のように小さな岩石や氷のかけらがまわっている。

"多くの小天体が重力の大きな木星に引きよせられる。そのおかげで地球には、生命をおびやかす小天体の衝突が、あまり起こらなかった。"

かけがえのない地球

11

青い惑星

　地球に水が豊富なのは、太陽からの距離がちょうどいいからだ。地球がもっと太陽に近ければ、熱すぎて水は蒸発してしまう。反対にもっと遠ければ冷えすぎて水は凍ってしまう。水は海となり、さまざまな気象現象を引きおこす。生命の維持にも水は欠かせない。水がなければ、この地球は生き物のすめない岩石のかたまりになってしまうだろう。

いくつもの層に包まれた惑星

約46億年前に太陽が生まれたとき、そのまわりを取りまいていたちりをふくむガスの集まりから、地球や太陽系のほかの惑星が誕生した。岩石などのちりが集まって球状のかたまりとなり、やがてそれがとけて、重たい金属の中心核と、中心核を取りまくいくつかの層ができた。そして時間とともに冷えて固まり、海と大気におおわれた、地殻の層が形づくられた。

核から地殻まで

地球の中心にある核は、固体の「内核」と、液体の「外核」に分かれている。その核を包みこんでいるのが「マントル」の厚い層だ。いちばん外側には冷えた岩石の層「地殻」がある。

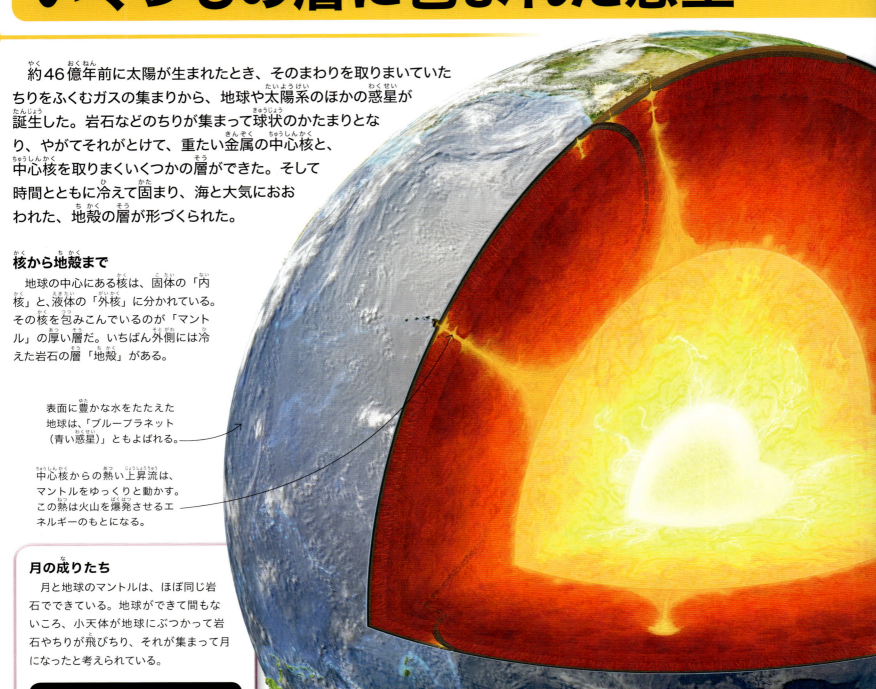

表面に豊かな水をたたえた地球は、「ブループラネット（青い惑星）」ともよばれる。

中心核からの熱い上昇流は、マントルをゆっくりと動かす。この熱は火山を爆発させるエネルギーのもとになる。

月の成りたち

月と地球のマントルは、ほぼ同じ岩石でできている。地球ができて間もないころ、小天体が地球にぶつかって岩石やちりが飛びちり、それが集まって月になったと考えられている。

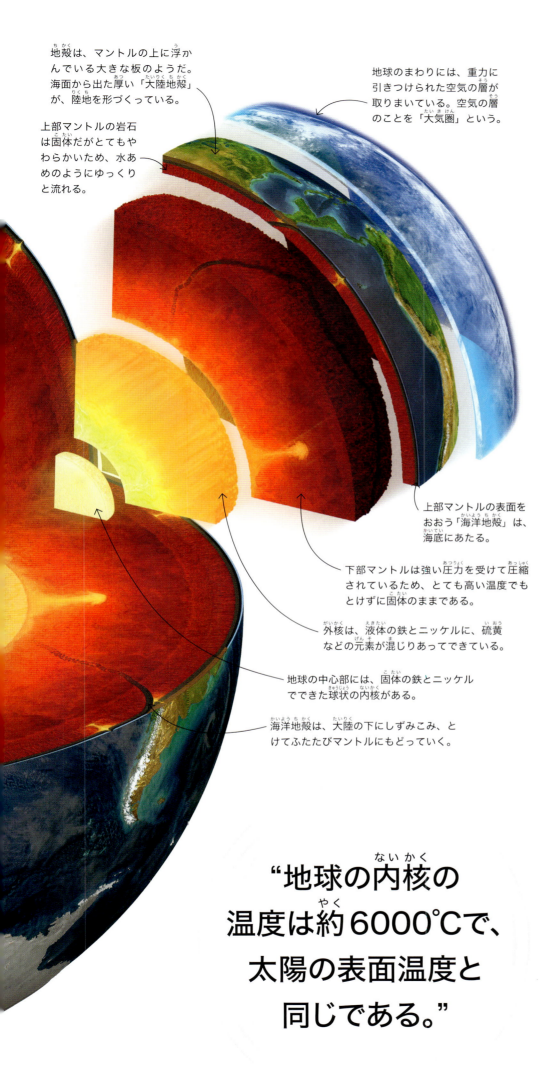

地殻は、マントルの上に浮かんでいる大きな板のようだ。海面から出た厚い「大陸地殻」が、陸地を形づくっている。

上部マントルの岩石は固体だがとてもやわらかいため、水あめのようにゆっくりと流れる。

地球のまわりには、重力に引きつけられた空気の層が取りまいている。空気の層のことを「大気圏」という。

上部マントルの表面をおおう「海洋地殻」は、海底にあたる。

下部マントルは強い圧力を受けて圧縮されているため、とても高い温度でもとけずに固体のままである。

外核は、液体の鉄とニッケルに、硫黄などの元素が混じりあってできている。

地球の中心部には、固体の鉄とニッケルでできた球状の内核がある。

海洋地殻は、大陸の下にしずみこみ、とけてふたたびマントルにもどっていく。

"地球の内核の温度は約6000℃で、太陽の表面温度と同じである。"

できはじめの地球

宇宙空間をただよう物質が、重力によってたがいに引きあって合体し、地球が形づくられた。ものが大きくなると重力も大きくなるので、ちりが集まって小天体に、さらには惑星にまで成長することが可能となる。

ぶつかりあって大きくなる

宇宙空間をただよう小天体どうしがぶつかると、重力によって合体する。この現象を「集積」という。

とけて核ができる

たくさんの小天体の衝突によってたまった熱が地球をとかす。すると、重い鉄はほとんどが中心部に集まって、それが核となった。

大気と水

地球形成期から誕生後数億年の間に、マグマの活動などによって地球内部から水蒸気などのガスが放出され、初期の大気と海をつくった。

かけがえのない地球

活動的な地球

地殻はマントルの上に乗ってつねに動いている。動きはとてもゆっくりだが、とても力強い。この強い力は地殻をいくつかの「プレート」に分断し、場所によってプレートが引きさかれたり、ぶつかりあったりしてきた。プレートの移動によって、地球は少しずつすがたを変えている。

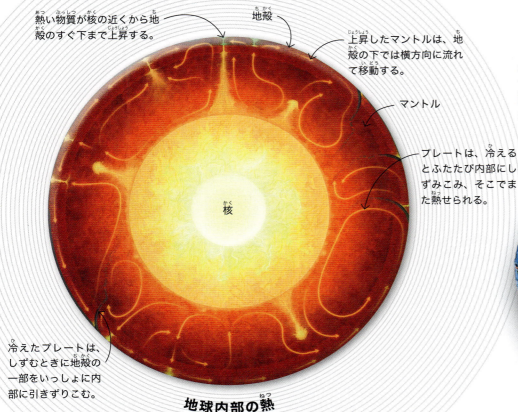

熱い物質が核の近くから地殻のすぐ下まで上昇する。

地殻

上昇したマントルは、地殻の下では横方向に流れて移動する。

マントル

プレートは、冷えるとふたたび内部にしずみこみ、そこでまた熱せられる。

核

冷えたプレートは、しずむときに地殻の一部をいっしょに内部に引きずりこむ。

太平洋プレートは世界でももっとも大きな規模の海洋プレートだ。

東太平洋海嶺は海底のさけ目が広がっているところで、ここでは新しい海洋地殻が生まれている。

ホットスポットは、プレートの運動と関係なく火山活動が起こる場所。

北アメリカ大陸の大部分は、北アメリカプレートの上にある。

地球内部の熱

地球内部の岩石にふくまれている放射性元素からは熱が発生している。熱はマントル内部に対流する流れを起こす。マントルのゆっくりとした流れは、地殻のすぐ下まで上昇すると、両側へ広がっていき、冷えて重くなるとふたたびマントルの下部へしずんでいく。

記号
- ▲ 火山地帯
- ● ホットスポット
- ● 地震地帯
- ― プレートの境界

割れる地殻

冷えてもろくなった地殻はいくつかに分かれ、マントルの流れに乗って横方向に移動している。これをプレートとよぶ。プレートが引きさかれたり押しあったりするところでは、地震が発生したり火山活動が活発になったりする。また、プレートが引きさかれるところでは新しい地殻が生まれ、プレートが衝突するところでは古い地殻がねじまげられたり、こわされたりする。

地球の磁場

外核は、おもに鉄でできた金属がとけている状態で、対流している。この動きが電流を発生させ、電流によって磁場がつくられている。磁場には北半球の北磁極と南半球の南磁極があるが、この場所は地理上の北極と南極から少しずれている。

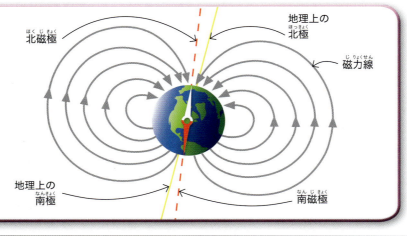

北磁極／地理上の北極／磁力線／地理上の南極／南磁極

"地殻が動く速さは、人間のつめがのびる速さと同じくらいである。"

浮かぶ大陸

地球表面をおおう冷たくてもろい地殻には、大陸地殻と海洋地殻がある。大陸を形づくる岩石は、海底の岩石より密度が小さく軽いため、氷が水に浮くように、密度が大きく重いマントルの上に浮いている。大陸が海底より高くなるのはこのためだ。

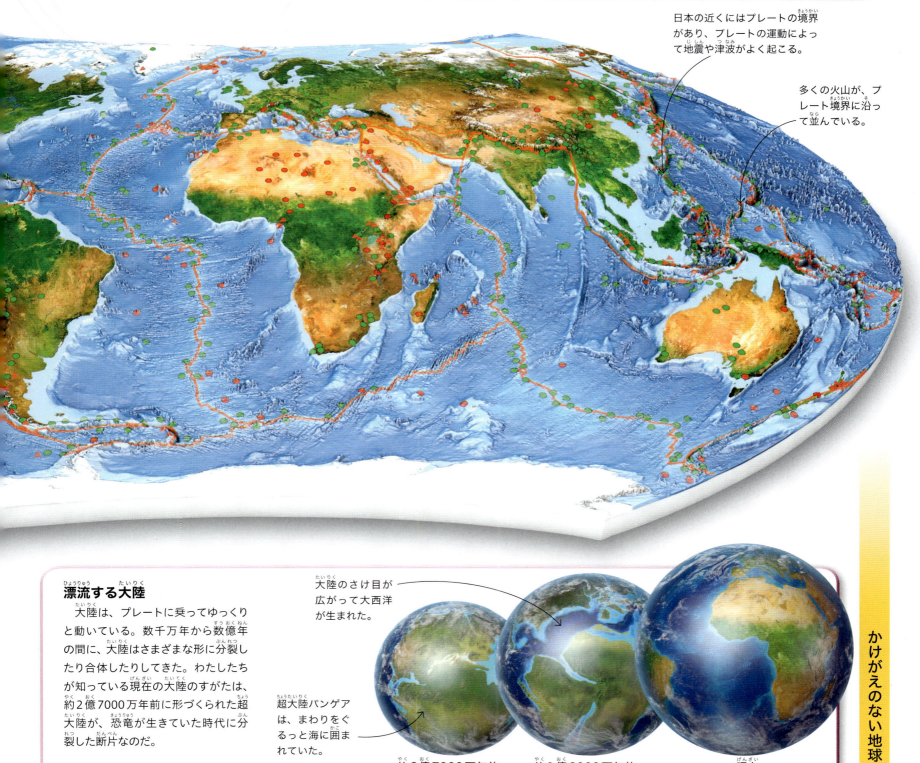

日本の近くにはプレートの境界があり、プレートの運動によって地震や津波がよく起こる。

多くの火山が、プレート境界に沿って並んでいる。

漂流する大陸

大陸は、プレートに乗ってゆっくりと動いている。数千万年から数億年の間に、大陸はさまざまな形に分裂したり合体したりしてきた。わたしたちが知っている現在の大陸のすがたは、約2億7000万年前に形づくられた超大陸が、恐竜が生きていた時代に分裂した断片なのだ。

大陸のさけ目が広がって大西洋が生まれた。

超大陸パンゲアは、まわりをぐるっと海に囲まれていた。

約2億7000万年前 / 約1億2000万年前 / 現在

かけがえのない地球

地殻の誕生

プレートのさけ目が広がっているところでは、マントルにかかる圧力が弱くなる。するとマントルがとけて溶岩となってさけ目からふきだし、それが固まって新しい地殻になる。さけ目のほとんどが海底にあり、ここでは地下の熱で海底が押しあげられて、海底山脈ができる。山脈は「中央海嶺」といい、地球を1周するように広がっていて、地球でもっとも長い山脈となっている。

大西洋中央海嶺

大西洋の海底を南北につらぬいている。中央海嶺としてはもっとも長く、海底面から3000mに達する場所もある。最初にさけ目ができたのはいまから約2億年前、恐竜が生きていたジュラ紀の初めだ。それ以来、さけ目は1年に約2.5cmの割合で広がりつづけ、やがてヨーロッパとアフリカからアメリカが分かれた。

トランスフォーム断層

中央海嶺は、1本の線のようにつながっているわけではない。「トランスフォーム断層」という割れ目がところどころに入ってギザギザしている。これは両側の断層が逆の方向に動いてずれることでできる。断層によって中央海嶺に段差ができると、断層の片側がもう片方にすべりおち、地震の原因になる。

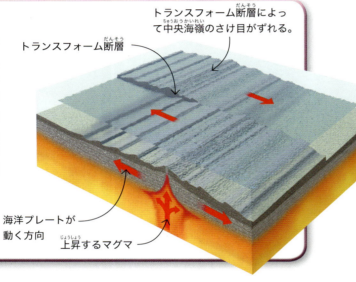

トランスフォーム断層によって中央海嶺のさけ目がずれる。

トランスフォーム断層

海洋プレートが動く方向
上昇するマグマ

熱水噴出孔

中央海嶺の真ん中にある地溝帯には、岩石の熱によって温められた熱水がふきだす熱水噴出孔がたくさんある。高温の熱水によって、岩石から熱水にとけでた物質が、冷たい海水に触れると鉱物になり、それが白や黒のけむりのように見える。

噴出孔のまわりには、ジャイアントチューブワームのようなめずらしい生き物がむらがっている。

北アメリカ

中央海嶺の長さは約1万6000km。南極海から北極海まで続いている。

中央のさけ目はまっすぐではなく、トランスフォーム断層という割れ目が直角に交わってたくさん入り、ジグザクになっている。

南アメリカ

分厚い大陸地殻が南アメリカ大陸を形成している。

うすい海洋地殻は南大西洋の海底になった。

熱いマントルの上にある中央海嶺付近の海底は、隆起している。

アイスランド

北大西洋の北の果てでは、マントルから上昇してきた熱い物質が、大量の溶岩をふきだして、大西洋中央海嶺の一部として海面に顔を出している。これが火山と間欠泉が多いことで有名なアイスランドだ。島全体が、ふきだした溶岩が固まった玄武岩でできている。海底と同じ、重くて黒っぽい岩石だ。

広がる海

さけ目が広がっている場所では新しい海洋地殻がつくられ、海底が広がっていく。最初はせまい谷だった大西洋は、約1億8000万年かけて広大な海になった。これから同じ道をたどろうとしているのが紅海で、その幅は1年に約1cmの割合で広がっている。

紅海
アラビアプレートとアフリカプレートが引きはなされて生まれた。やがて大海になると考えられている。

- グリーンランド
- アイルランド
- 大陸のふちは海面下にあり、「大陸棚」とよばれる浅い海底になっている。
- 海底のあちこちに海山があり、なかには海底からの高さが4000mに達するものもある。
- スペイン
- 中央海嶺からはなれた海底には、土砂や生物の死がいなどのやわらかい堆積物が、層になって厚く積もっている。
- アフリカ
- 大陸地殻はマントルより軽いので、マントルの上に浮いている。
- 中央海嶺でマグマが上昇して固まり、新しい海底がつくられる。
- マントルはとても高温だが、圧力が高いのでふだんはとけない。

枕状溶岩

海底からふきだした溶岩は、冷たい海水に触れると表面が固まる。しかし内部はやわらかいままなので、固まった表面を突きやぶって中身があふれだす。これをくりかえすと、あちこちに丸いでっぱりができ、「枕状溶岩」になる。

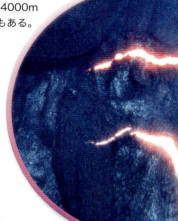

かけがえのない地球

大陸が衝突する場所

プレートが両側に広がる境界で、新しい海洋地殻がつくられるにつれて、プレートどうしが集まる境界では、古い海洋地殻がこわされる。一方のプレートが、もう一方のプレートの下にしずみこむことによって深い海溝ができ、火山の連なり「火山列」や大山脈をつくり、地震や津波を発生させる。

"地殻はできた分だけこわれていく。"

火山の連なり

プレートが押しあうところでは、一方の古くて重いプレートがほかのプレートの下にしずみこむ。そのときに水もいっしょにしずみこみ、それが地球内部で熱せられると、海洋地殻をとかす。とけた海洋地殻はマグマとなって上昇し、海底からふきだして火山列をつくる。

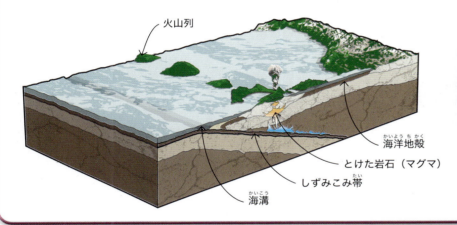

アリューシャン列島
アラスカとシベリアの間にある、69の火山島が連なるアリューシャン列島。ここでは、太平洋の海底がベーリング海の海底にしずみこんでいる。

山脈の誕生

海洋地殻が大陸地殻と衝突する場所では、海洋地殻のほうが重いため、大陸を押しながらその下にしずみこむ。プレートどうしが衝突することによって大陸地殻の端にはしわができ、「しゅう曲山脈」がつくられる。たとえば、南アメリカのアンデス山脈がそうだ。山脈の下にはマグマがあり、噴出して火山がつくられる。

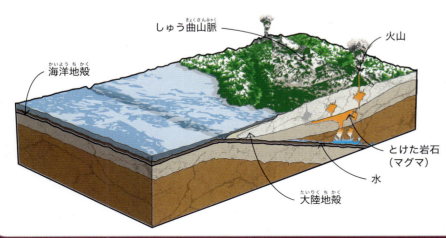

セントヘレンズ山
北アメリカのカスケード山脈やセントヘレンズ山は、重い海洋地殻が大陸地殻の下にゆっくりとしずみこんで陸地を押しあげることでつくられた。

大陸の衝突

大陸地殻はマントルより軽く、マントルの上にいかだのように浮いている。大陸プレートどうしが衝突しても、大陸地殻はマントルのなかにしずみこむことはできない。端がしわになって、しゅう曲山脈になる。地球上でもっとも標高の高いヒマラヤ山脈はこのようにして誕生した。山脈の地下では、岩石がとけてマグマができるが、多くは地下で冷えかたまって、花崗岩になる。

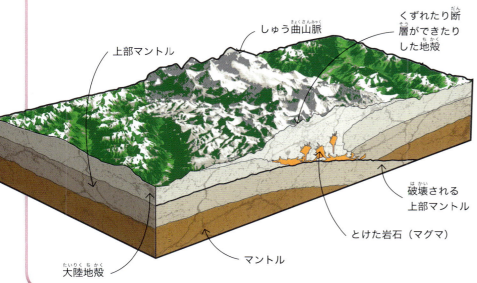

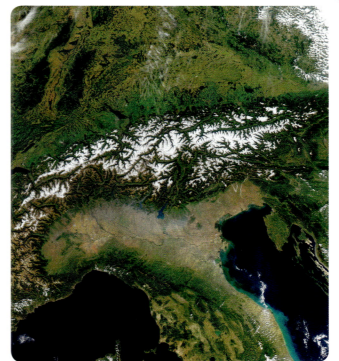

アルプス
いまから約7000万年前、イタリアがヨーロッパと衝突し、地面が押しあげられてアルプス山脈になった。この衛星写真では、雪をかぶったしゅう曲山脈が、プレートの境界に沿って帯のように広がっている。

環太平洋火山帯

プレートがしずむ「しずみこみ帯」は、ほとんどが太平洋のふちに沿うように集まっている。ニュージーランドからアラスカまで北上し、そこから南北アメリカ大陸の太平洋岸を南下するまでの間に、多くの海溝や火山、山脈が鎖のようにつながっている。激しい活動を続けるこの地域は、「環太平洋火山帯」とよばれている。世界中の火山の75％以上がこの地域にあり、世界で発生する地震のほぼ90％はこの地域が震源になっている。

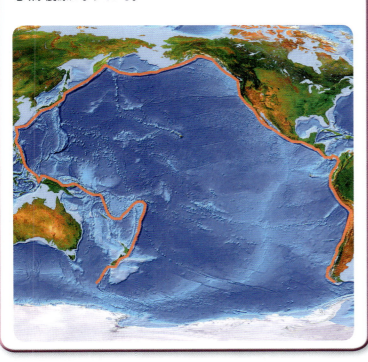

海溝
海洋地殻がしずみこむ場所には、海溝がつくられる。海の深さは平均で約3800mだが、海溝には深さ7000m以上に達するところもある。世界でもっとも深いのは西太平洋のマリアナ海溝で、水深約1万1000mもある。

大地のさけ目

　アイスランドは、大西洋中央海嶺からふきだした溶岩によって、グリーンランドの近くにできた島だ。北アメリカプレートとユーラシアプレートの間にできたさけ目が島を縦断して、幅の広い谷が形づくられている。シンクベトリル国立公園では、引きさかれた断層のギザギザとした断面が見られる。その幅は現在もゆっくりと広がっている。

大地を動かす地震

プレートはつねに動いているが、プレートの境界ではプレートどうしがくっついてなかなか動かない。プレートが動かないため、ひずみがたまっていく。そして、ある日突然、プレートが動くことでひずみのエネルギーが解放される。このとき地震が起こる。それが海底で起これば、津波を引きおこす。

このプレートはとてもゆっくり動いているが、端の部分は別のプレートとくっついて固定されている。

地震波

プレートどうしの境界がすべってずれているときは、小さなゆれが起きるだけだ。ところが境界部分がくっついてなかなか動かないと、プレートの端はねじまげられる。すると、くっついた部分が外れたときに、バネがはねあがるように大きな力が生まれ、長い年月をかけて起こるはずの動きがわずか数分で発生し、大きなゆれが伝わる。これが地震という現象だ。

この図の場合、プレートどうしの横ずれ断層が急に動くことによって地震が起こる。

地震の震源は断層がずれうごいた場所であり、地下深くにある。

被害のほとんどは、震源の真上(震央)で起こる。

壊滅的な力

地震のゆれはほとんどの場合数分しか続かないが、それでも壊滅的な被害をもたらすことがある。断層線に沿って地面が動いたことで直接引きおこされる被害は一部だけで、多くは、震源から伝わる地震波が原因だ。地震波が地面をゆらす力が大きいと、その上にあるものはすべてたおれてしまう。

建造物の崩壊
地面がゆれると、レンガや石でできた建物はくずれたりたおれたりする。鉄骨構造のビルでも、真下の地面がゆれるとたおれることがある。

地すべり
丘陵地では、岩石や土砂でできた地盤が地震でゆるみ、地すべりが起きることがある。この地すべりが町を直撃すると、壊滅的な被害が出ることもある。

火災
都市で地震が発生すると、ガス管や石油タンク、電気ケーブルに被害をあたえ、火災が起こることがある。地震そのものよりも火災による被害が大きい場合もある。

地震波と地球の内部

地震が引きおこす地震波は、地震計によって世界各地で測定される。この地震波がどのように伝わるかは、地震波の性質と、地震波がどこを通るかによって決まる。地震波を観測すれば、地球の内部構造がわかるのだ。

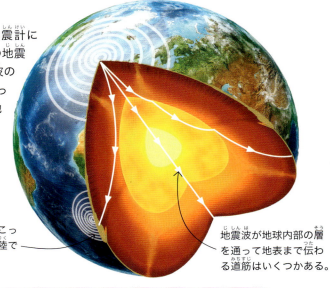

地震波は、池の水面に起こるさざ波のように、地震の震源地から外側に広がっていく。地面をゆらし、大規模な破壊を引きおこすことがある。

地震波は地震が起こった大陸とは別の大陸でも観測される。

地震波が地球内部の層を通って地表まで伝わる道筋はいくつかある。

津波

海底で地震が起こると津波が発生するおそれがある。もっとも破壊力が大きいのは、プレートがほかのプレートにしずみこむ真上に当たる海底が、下のように急に隆起したときだ。

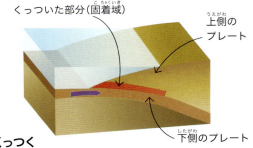

くっつく
下側のプレートは上側のプレートの下になめらかにしずみこむこともあるが、2枚のプレートがたがいにくっついているのがふつうだ。

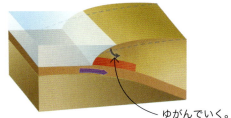

ゆがむ
下側のプレートが動きつづけると、上側のプレートのくっついた部分が引っぱられる。そうすると上側のプレートの端がゆがんでそこに圧力がかかる。

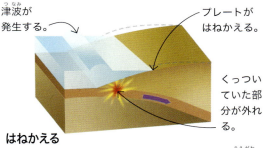

はねかえる
やがて、くっついていたプレートが外れると、上側のプレートの端がはねかえり、水を押しあげて山のような巨大な波（津波）が起こる。

地面が盛りあがる（隆起）

地震では、地形がおどろくほど変わることがある。1964年にアラスカの太平洋岸で発生した巨大地震では、海にしずんでいた難破船が海底からすがたをあらわし、陸地に乗りあげて現在にいたっている。このときは、5分たらずの間に海底が5m近く盛りあがったが、同じアラスカで逆に2.4mしずんだ場所もある。

かけがえのない地球

熱くふきあげる火山

火山の多くは、プレートの境界にできる。プレートどうしがはなれていく中央海嶺では、真ん中のさけ目で噴火が起こる。一方、プレートどうしがぶつかりあうしずみこみ帯で噴火する火山もある。そのほかに、マントル深部から上昇してきた熱い物質が、プレート内部につくるホットスポットから噴火する火山がある。

噴火のタイプ

火山の噴火には、地理的な位置によってさまざまなタイプがある。海洋性火山がふきだす溶岩は粘り気が弱く流れやすい。大陸性火山の溶岩は粘り気が強く、噴火口をふさいで爆発的な噴火を引きおこすことがある。この2つのタイプの間に数多くの中間タイプがある。

割れ目噴火
断層が広がって長いさけ目ができ、そこから溶岩がふきだす。おもに海底で起こるが、アイスランドでは陸上で見ることができる。

ハワイ式
ホットスポット火山の溶岩は、液体のようにさらさらで、火口からふもとまで短時間で静かに流れる。溶岩を噴水のようにふきあげるものもある。

ストロンボリ式
溶岩に粘り気があり、ガスが多くふくまれる。溶岩が噴火口までくるとガスが急激にふくらんで、溶岩を空中高くふきあげる。

ブルカノ式
溶岩に二酸化ケイ素が多くふくまれていると、とても粘り気が強くなり、噴火口のなかで固まることがある。すると内部の圧力が高まり噴火は爆発的なものになる。

プリニー式
もっとも大規模で激しい噴火を起こす。空中高くにふきあがった溶岩と火山灰が、滝のように山腹を下って大きな被害を与えることがある。

火山の形

典型的な火山は背の高い円すい形で、頂上に噴火口がある。噴火口から溶岩や火山灰がふきだして、そのまわりに積もり、山体がさらに高くなる。しかし、まったくちがう形をしていて、火山とはわからないものもある。

成層火山
プレートが別のプレートの下にすべりこむ場所にできる。ふきだす溶岩は粘り気が強くて遠くまで流れない。そのため溶岩や灰が層になって積もり、傾斜の急な円すい形の火山ができる。

アレナル山
コスタリカにある成層火山。真っ赤な溶岩がアレナル山の山腹を流れる。

楯状火山
広がりつづける断層や、海底のホットスポットで生まれた火山からは、粘り気の弱いさらさらの溶岩が流れる。冷えて固まるまでに長い距離を流れるので、ゆるやかな稜線の火山になる。

ピトンドゥラフルネーズ
太平洋に浮かぶレユニオン島の楯状火山。活動的な火山として世界的に有名。

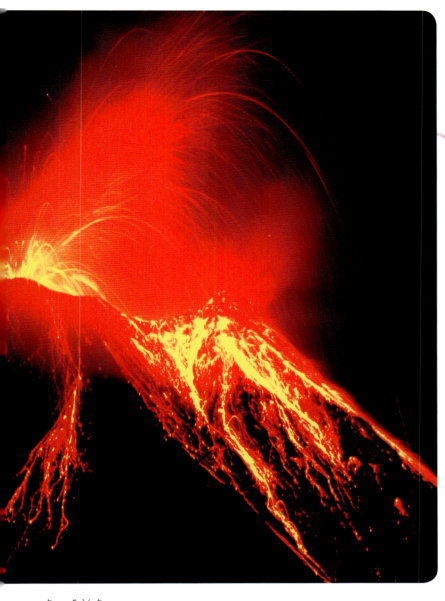

カルデラ

　数百年もの間噴火していない火山では、噴火口がふさがれていることも多い。出口がないまま、なかで圧力が高まると、やがて大爆発を起こして空中に噴出物をふきとばす。火山の内部にあるマグマだまりはこの大爆発で空洞になるため、支えるものがなくなった山頂がこの空洞のなかに落ちこむ。こうして、もとの噴火口よりずっと面積の広い大規模カルデラができあがる。

セントヘレンズ山
アメリカにある成層火山。1980年5月に大爆発を起こし、もともと円すい形だった頂上が落ちこんでカルデラとなった。現在このカルデラのなかに、新しい円すい形の火山が成長している。

割れ目噴火の地形
　地殻の割れ目から溶岩がふきだし、溶岩流となって流れだすことがある。これが固まってできた平らな板は、洪水玄武岩とよばれている。

ホルフロイン
　アイスランドのバルダルブンガ山にあるこの割れ目からふきだした真っ赤な溶岩は、帯のように流れ、85km²におよぶ溶岩原が生まれた。

超巨大火山

　最大規模でもっとも危険な超巨大火山が爆発すると、とてつもない破壊力によって噴出物がはるか遠くまで飛ばされる。円すい形の山頂はふきとばされ、巨大なカルデラだけが残る。そこに水がたまって湖になり、温泉がわいたりする。過去には、このような超巨大火山の噴火によって地球上の生命が絶滅寸前になったこともある。

トバ山
インドネシアのトバ湖は、過去200万年で最大と考えられている火山の噴火によってできた巨大カルデラだ。真ん中の島は、マグマの力で押しあげられて生まれた。

かけがえのない地球

地下からわきでる温泉・間欠泉

プレート境界やホットスポットの特徴がもっとも激しい形であらわれるのが火山だ。火山の周辺では、地面にしみこんでいる地下水も、マグマで熱せられる。熱せられた水は地表近くに押しもどされ、温泉や間欠泉、そのほかの地熱現象となって出てくる。たいていの火山とはちがって、温泉や間欠泉の多くは休むことなく活動している。

高い圧力

地熱現象はすべて、地下深くの熱水によって起こる。深いところでは高い圧力がかかるため、水は通常の沸点（100℃）よりもかなり高い温度まで過熱される。この熱水によって岩石から鉱物がとける。鉱物からとかしだされたミネラルを多くふくむ熱水が上がってきて、温泉や水蒸気となってわきだす。さらに噴気孔のなかで圧力が高まると、間欠泉になる。水にとけた成分が岩石と反応して、熱水と泥がまじった泥水泉になることもある。

地熱地帯

温泉や間欠泉は、プレートどうしが引きはなされている場所で見られることが多い。アイスランドの噴気孔や、中央海嶺からふきあがるブラックスモーカー（→86ページ）はその一例だ。しかし、アメリカのイエローストーンのように、休眠中の超巨大火山の熱をエネルギーにして活動を続けているところもある。このような現象がまとまって見られる場所を「地熱地帯」とよぶ。

間欠泉は、一定の間隔をあけてひんぱんにふきだす。勢いよくふきだした熱湯は、浅い池をつくりあげる。

水が地表に届く前に水蒸気に変わり、噴気孔からふきだすこともある。

この空間の熱水が少し減って圧力が下がると、下の水が沸騰して、間欠泉となってふきだす。

上の空間にある熱水の重みで圧力が高まり、水は通常の沸点以上に過熱される。

水にとけている火山性の硫黄ガスから硫酸が発生する。硫酸は多孔質の岩石をとかして泥に変え、泥がわきたつ泥水泉ができる。

地下深くにあるマグマが岩石を熱し、さらにその上の、多孔質の岩石にふくまれる水分を熱する。

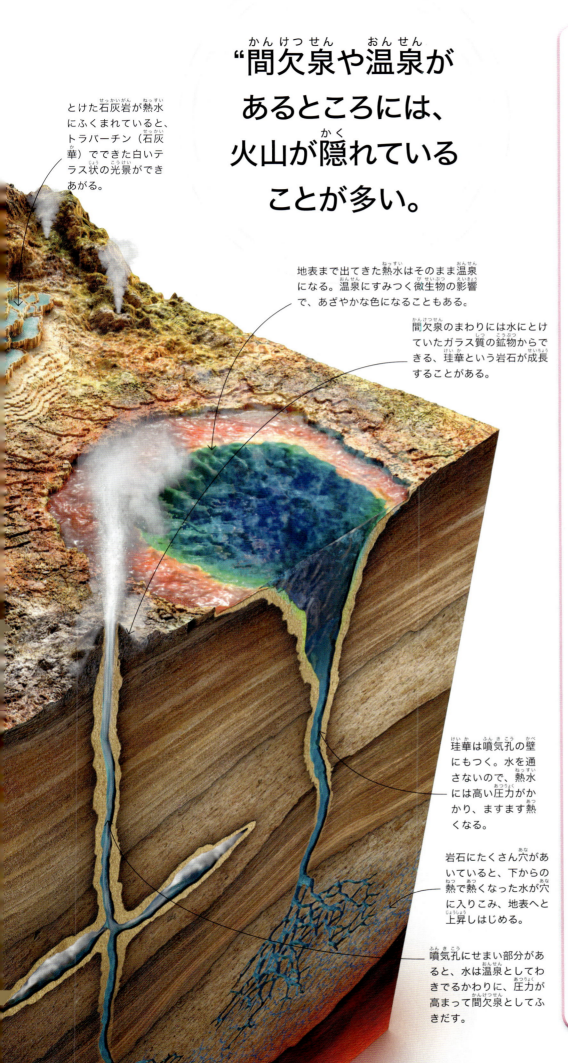

"間欠泉や温泉があるところには、火山が隠れていることが多い。

とけた石灰岩が熱水にふくまれていると、トラバーチン（石灰華）でできた白いテラス状の光景ができあがる。

地表まで出てきた熱水はそのまま温泉になる。温泉にすみつく微生物の影響で、あざやかな色になることもある。

間欠泉のまわりには水にとけていたガラス質の鉱物からできる、珪華という岩石が成長することがある。

珪華は噴気孔の壁にもつく。水を通さないので、熱水には高い圧力がかかり、ますます熱くなる。

岩石にたくさん穴があいていると、下からの熱で熱くなった水が穴に入りこみ、地表へと上昇しはじめる。

噴気孔にせまい部分があると、水は温泉としてわきでるかわりに、圧力が高まって間欠泉としてふきだす。

世界各地の風景

お湯につかる
日本の長野県の山地では、冬になるとニホンザルが温泉で体をあたためるすがたが見られる。人間が利用する温泉もあるが、そのまま入浴するには熱すぎるものが多い。

巨大な間欠泉
北アメリカのイエローストーン国立公園にあるスチームボートガイザーは、世界最大の間欠泉だ。まれに高さ90m以上まで熱水がふきあがることもある。

ぶくぶくと泡立つ泥
火山の島アイスランドでは、火山灰の下から酸性の温泉がわきだし、ガスをふくんだ泡立つ泥池ができている。くさった卵のような硫黄のにおいがする。

火山性蒸気
地中海に浮かぶブルカノ島には、硫黄をふくむ蒸気が出ている。蒸気が空気で冷やされると、硫黄は黄色い結晶になり、噴気孔のまわりの火山岩につく。

かけがえのない地球

盛りあがる間欠泉

　アイスランドのストロックル間欠泉が、いまにも噴出しようとしている。熱水が、地下で発生した水蒸気の圧力に押され、青く輝くドーム状になって盛りあがる。間もなくこのドームが爆発し、熱湯と蒸気がふきだす。その高さは最大で30mにもなり、6～10分に1度ふきあげる。アイスランドのハウカダルール地溝帯には、このような地熱現象が見られる場所が50か所以上ある。

岩石の惑星

地殻はいろいろな種類の岩石でできている。溶岩やマグマが冷えてできた岩石もあれば、岩石のかけらが集まって固まり、別の岩石になったものもある。高い温度や圧力によって、岩石の種類が変わることもある。風化や浸食によって細かく積もった岩石の堆積物が、とかされたりこわされたりして、新しい岩石ができたりもする。

岩石のサイクル

地下深くの岩石がとけたマグマが、火山の噴火などで出てきて固まり、地上でまた岩石になる。それが時間とともに風雨にさらされてすりへっていき、やがて砂や粘土に形を変え、海へと流れこむ。海ではそのような堆積物が何層にも積みかさなり、重みでかたくなっていく。こうしてできたのが堆積岩だ。堆積岩は地下深くにうもれると、熱と圧力でさらにかたい岩石に変わることがある。

地層に力がかかる

動いているプレートどうしが衝突すると、その圧力で岩石の層が押しつけられたり曲げられたりする。これを「しゅう曲」という。岩石の層が垂直に立ちあがったり、上下が逆になったりすることもある。岩石がくだけると、断層線を境に地層がずれる。もっとも大きな断層はプレートの境界付近にでき、そこが動くと地震が起こる。

火山からふきだした溶岩が冷えて固まると、火成岩になる。

岩石は氷河の氷にけずられて小石になり、その一部はさらにすりつぶされて粉のような状態になる。

岩石は氷や雨、熱にさらされてくだけ、やがて、土壌となってそこに植物が生える。

マグマの一部は溶岩や火山灰となって火山からふきだし、円すい形の火山丘を形づくる。

マグマが地下で固まる場合は火成岩（花崗岩など）になる。

化学変化によって高温の岩石はとけてマグマになる。マグマは岩石のすきまを通って上昇する。

堆積岩に熱や圧力が加わると、さらにかたい変成岩に変わる。

大きな強い力でしめつけられたり折りまげられたりすると、岩石はぐっと押しあげられて山脈をつくる。

地殻内部にうもれた堆積岩は圧縮され、熱を帯びて性質が変わる。

地殻のプレートが動くと、大陸の下にある岩石の層はその動きに引きずられる。

大昔のすがたを伝える化石

堆積岩には、大昔の生物の死がいがふくまれていることがある。化石に残る骨や貝殻を手がかりに、生命の進化のあとをたどることができる。化石は岩石の年代測定にも使われる。同じ種類の化石がふくまれている岩石は、同じ時期にできたと考えられるからだ。

岩石の種類

岩石には何百もの種類があるが、大きく3つのグループに分けられる。火成岩、堆積岩、変成岩だ。「岩石のサイクル」によって、それぞれのグループの岩石が別のグループの岩石に変わることもある。

花崗岩

玄武岩

玄武岩は、地球上でごく普通に見られる火成岩だ。海底は、大部分が玄武岩でできている。

火成岩

マグマや溶岩が冷えて固まると火成岩になる。花崗岩や玄武岩は火成岩の一種だ。火成岩は結晶がしっかり結びついているため、とてもかたい。層にはならず、大きなかたまりになる。

雨にはわずかに酸がふくまれていて、岩石にふくまれている鉱物をとかす。

川は流れる途中で谷をけずり、岩石を小さな粒子に変えていく。

川の水に運ばれてきた砂や泥、粘土は海に流れこんで、沖へと運ばれる。

砂岩

砂岩には、白、黄、赤とさまざまな色がある。

石灰岩

海底には海の微生物の死がいが層になって深く積みかさなっている。

堆積岩

砂や泥のような堆積物は、なかの鉱物が接着剤の役割をして、数百万年という年月をかけて堆積岩になる。堆積岩のかたさはいろいろだが、必ず層になっている。地球の力で折りまげられている層もある。

大理石

片岩

海底にたまったやわらかい堆積岩は、少しずつうもれ、圧縮される。

堆積物は、上からの圧力を受けてやがてかたい堆積岩になる。

変成岩

熱や圧力が岩石の性質を変える「変成作用」によってできる。たとえば、やわらかい堆積岩がかたい片岩に変化することがある。片岩に変わっても、堆積岩にあった層は残る。石灰岩は熱で大理石になる。

かけがえのない地球

第2章

大地が見せる衝撃の構造

地球はいつもすがたを変えています。
内部から大きな力が働いて
山やまを高く押しあげたかと思うと、
今度は風や雨がゆっくりと山をけずっていきます。
山ができてはけずられるというサイクルは
ずっとくりかえされ、絶景とよばれる
風景を生みだしてきました。

巨大な力が山をつくる
アンデス山脈

山をつくるほどの大きな力を、地球上のどこよりもはっきり感じられるのがアンデス山脈だ。南アメリカ大陸を北から南までつらぬき、険しい峰が長い鎖のように続くアンデス山脈は、太平洋の海洋プレートが大陸プレートの下にしずみこむことで地面が押しあげられて生まれた。大陸を形づくっていた岩盤は、たえず下から力を受けて、曲がったり割れたりしながらどんどん高くなっていった。数多くの火山も同じようにして誕生した。

山脈の成りたち

太平洋の海底は、1年に約5cmの速さで北東に動いているプレートだ。この岩盤は重いので、南アメリカ大陸にぶつかるとその下にしずみこむ。一方、南アメリカ大陸は、1年に約3cmの速さで西に動いている。これらのプレートの境界は大きな断層となり、それがアンデス中央部の真下から大地を高く押しあげた。

アンデス山脈は世界でも指おりの険しい高山地帯で、火山も多い。

海底が大陸の下にしずみこむところはとくに深く、「ペルー海溝・チリ海溝」とよばれている。

アンデス山脈を押しあげているのはおもにナスカプレートだ。太平洋南東の海底は、このナスカプレートの上に広がっている。

大陸の下で海底がけずられると、そこから海水が岩盤にしみこむ。

大陸の海岸の岩盤には、海洋プレートの移動によって東に押す力が加わっている。

概要

- 場所：南アメリカ大陸の西の端
- 総延長：約7200km
- 形成年代：2500万年以上前
- 成りたち：プレートのしずみこみ現象

データ

南アメリカのアンデス山脈には、アジアをのぞく地域の最高峰があり、陸上の山脈ではもっとも距離が長い。世界でいちばん高い陸上火山もここにある。

最高峰
アンデス山脈でいちばん高い山はアルゼンチンのアコンカグアで、標高は約6961mだ。

盛りあがる山
山の高さは、1000万年前に比べてほぼ倍になっている。

高原
アルティプラノ高原では、空気にふくまれる酸素の量が海面の半分しかない。

火山
活火山が183もあり、世界でも指おりの火山地帯だ。

陸上でもっとも長い山脈

南アメリカの背骨

アンデス山脈は南アメリカ大陸の西の端にあり、ごつごつした険しい山やまが連なっている。北から南まで、ベネズエラ、コロンビア、エクアドル、ペルー、ボリビア、アルゼンチン、チリという7つの国を通っている。標高は平均で約4000mだ。

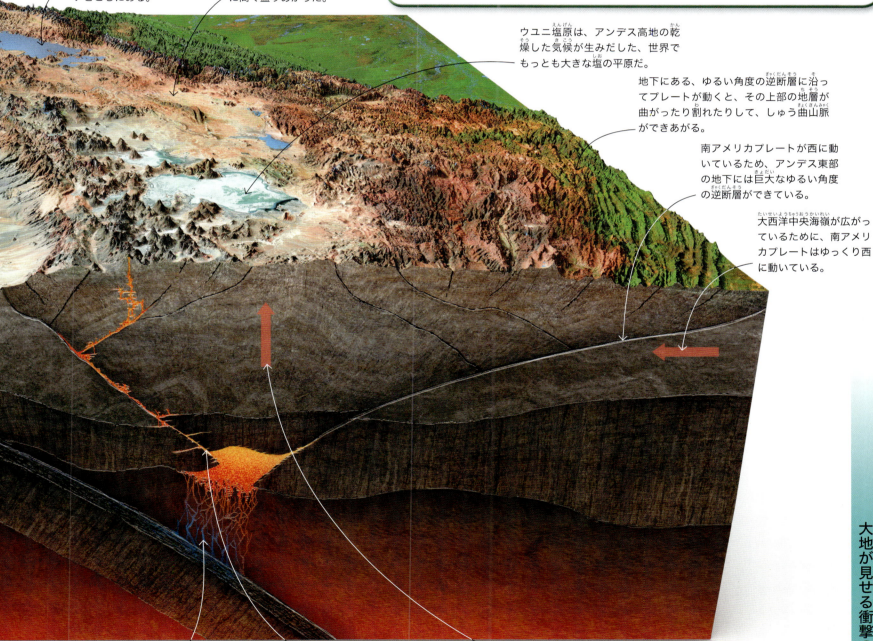

アルティプラノ高原の北の端にあるチチカカ湖は、船が行きかうことができる湖としては世界でいちばん高いところにある。

アルティプラノ高原（標高約3000m以上）は、アンデス山脈といっしょに高く盛りあがった。

ウユニ塩原は、アンデス高地の乾燥した気候が生みだした、世界でもっとも大きな塩の平原だ。

地下にある、ゆるい角度の逆断層に沿ってプレートが動くと、その上部の地層が曲がったり割れたりして、しゅう曲山脈ができあがる。

南アメリカプレートが西に動いているため、アンデス東部の地下には巨大なゆるい角度の逆断層ができている。

大西洋中央海嶺が広がっているために、南アメリカプレートはゆっくり西に動いている。

しずみこむ岩盤が熱いマントルで熱せられると、そのなかの水分が上昇して上の熱い岩盤にしみこむ。

水が加わることで岩石がとけマグマができる。マグマは断層を通って上昇し、火山からふきだす。

移動する2つのプレートにはさまれてしめつけられた大陸地殻は、広い範囲にわたって押しあげられる。

大地が見せる衝撃の構造

アンデスの峰(みね)

　アンデス山脈(さんみゃく)のなかでもとくに印象的(いんしょうてき)な光景(こうけい)がチリ南部に広がっている。トーレスデルパイネとよばれるギザギザの山頂(さんちょう)をもつ岩山だ。花崗岩(かこうがん)でできていて、もともとはしゅう曲山脈(きょくさんみゃく)の内部にあったマグマがふきだしたものだ。表面の岩石が氷河(ひょうが)にけずられ、中心にあった、かたくてけずられにくい花崗岩(かこうがん)の部分が残(のこ)った。

ゆがめられた大地

サンアンドレアス断層は、カリゾ平原を分断している。ここでは2つのプレートがずれて動いているため、その境界付近の岩盤はねじまげられて大地にできたしわのように見える。ここを横切る川筋は、断層の両側でずれている。

データ

サンアンドレアス断層は、陸上でもっとも長いトランスフォーム断層のひとつで、大きく3つの部分に分かれている。

地震 1906年に起きたサンフランシスコ地震の規模は、マグニチュード8.3だった。

発見 1895年、地質学者のアンドリュー・ローソン教授によって、初めて確認された。

動くプレート プレートは、1年に約5cmという速度で動いている。

形成年代 約2800万年前

少しずつ動いている地殻
サンアンドレアス断層

地球のいちばん外側にある地殻には「断層」とよばれる割れ目がたくさん走っている。割れ目の多くは小さくてせまい範囲にかぎられる。しかし、アメリカ・カリフォルニア州のサンアンドレアス断層は、地球上最大級の2つのプレートがそれぞれ逆方向に移動しながら接しているところで、広い範囲にわたって地殻が割れている。プレートが移動するとき、プレートの動きが小さなゆれとなって伝わる場所と、断層どうしがくっつく場所とができる。くっついた場所では動けないことでひずみが生まれ、力がたまっていく。やがてその力にたえられずに、くっついていた部分が外れると、反動で大地震が起こる。1906年にサンフランシスコ市街地のほとんどを破壊した地震は、このようにして起きた。

概要

- 場所：アメリカのカリフォルニア州
- 規模：全長1300km以上、深さ16km以上
- 構造：2つのプレートが横ずれしてできるトランスフォーム断層
- 地震の危険性：大

大地が見せる衝撃の構造

神聖な山

ウルル（エアーズロック）

　オーストラリアの中心部、広大な砂漠の真ん中に島のように盛りあがったウルルは、この大陸でもっとも有名な自然景観だ。ウルルは、山をつくるほどの巨大な力によって砂岩の地層が曲げられたことで、水平だった地層が垂直に傾いて地上に顔を出した岩山だ。巨大な岩山のほとんどは地中に隠れている。岩そのものはとてもかたいが、激しい風雨に浸食されて丸みを帯びている。ウルルの表面には深いさけ目がいくつもあり、雨はこのさけ目をつたって滝のように大地に降りそそぐ。

概要

- 場所：オーストラリア中央部
- 高さ：地上348m（周囲の地面からの高さ）
- 成りたち：長年、雨や風によって浸食された島状の丘
- 形成年代：砂岩の層ができたのは5億3000万年以上前

大地が見せる衝撃の構造

データ

「エアーズロック」ともよばれるウルルは、現地の先住民にとって神聖な山だ。古代の壁画が残る洞くつがいくつか見つかっている。

人類の足あと
この地域に人類が住みついたのは1万年以上前と考えられている。

幅
地上にあらわれた部分の幅は、もっともうすいところでも2400mだ。

気温
夏の日中には46℃を記録したことがある。
℃(セ氏) 15 30 45 60
℉(カ氏) 50 100

周囲の長さ
9.4 km

"砂岩の地層が垂直に傾いたのは、おそらく3億年以上も前のことだろう。"

赤い岩

砂岩にふくまれる鉄分が酸化して、ウルルの表面は赤茶色になっている。そのため日の出や日の入りのときには燃えるように赤く輝き、そのほかの時間帯にはピンクに見えたり紫に見えたりする。

世界の屋根

エベレスト

いまから約6000万年前、島大陸だったインドは、動くプレートに乗って北に運ばれていた。そのまま北に進み、およそ5000万年前にアジアにぶつかった。この衝突によって地面が高く押しあげられて誕生したのが、広大なヒマラヤ山脈と、その近くのチベット高原だ。世界でもっとも高い山やまがここに集まっているため、この地域は「世界の屋根」とよばれるようになった。そのなかでもエベレストは世界最高峰の山だ。あまりにも高いので、空気にふくまれる酸素の量がとても少ない。エベレストに登ろうとする登山家にとって、酸素ボンベはなくてはならない装備だ。

概要

- 場所：ネパールとチベット自治区（中国）の国境地帯
- 山系：ヒマラヤ山脈
- 標高：8848m
- 形成年代：約5000万年前

データ

インド亜大陸はいまでも北に動きつづけ、ヒマラヤ山脈を押しあげつづけている。その結果、ヒマラヤ山脈は毎年約5mmずつ高くなっている。

最高峰

地球上には8000mをこえる高山が14あるが、エベレストはそのひとつだ。

凍りつくような突風

山頂では、時速280kmの最大風速を記録したことがある。

気温

山頂の気温はマイナス62℃にまで下がることがある。

	℃(セ氏)	−62	−31	0
	°F(カ氏)	−80	−22	32

初登頂

1953年

世界で
いちばん高い山

大地が見せる衝撃の構造

44

頂上は石灰岩
エベレストの山頂は、約4億5000万年前には海底の堆積物だった石灰岩でできている。インドがアジアにぶつかり、海底が高く押しあげられたため、山頂には絶滅した海の生き物の化石が見られる。

"世界を代表する高山はすべて、ヒマラヤ山脈とそのとなりのカラコルム山脈にある。"

世界で もっとも古い砂漠

赤い巨人

ナミブ砂漠南部のソッサスブレイでは、「ブレイ」とよばれる乾いた粘土質のくぼ地のまわりを赤い砂の巨大砂丘が取りかこんでいる。砂丘の高さは世界最大級で、いろいろな方向からふく風でいつも形が変わっているため、「星形砂丘」とよばれている。

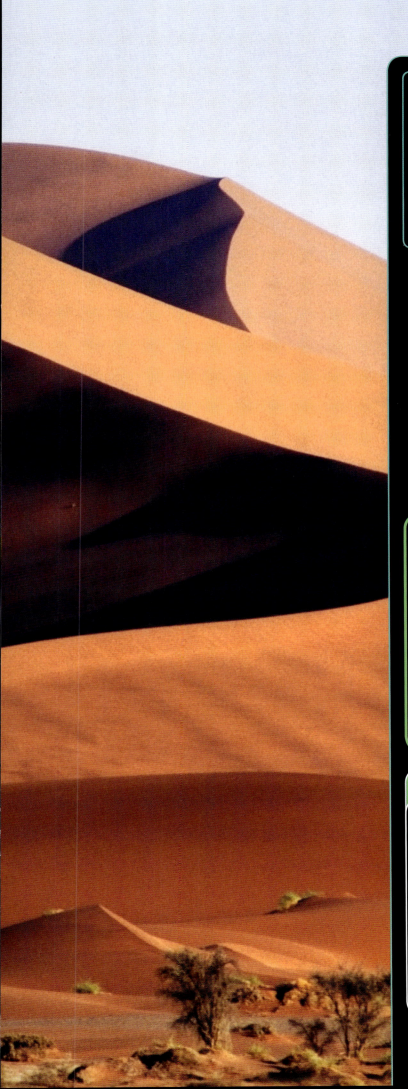

乾ききった砂山

ナミブ砂漠の砂丘

砂漠の砂は乾いていて、風で簡単にふきちらされる。舞いあがったかと思うと別の場所に積みかさなって砂丘を形づくる。アフリカのナミブ砂漠では、大西洋からふきつける風で、世界一高く、世界一古い砂丘ができあがった。ナミブ砂漠の砂丘はほかの砂丘と同様、風によって運ばれた砂が砂丘の風上側に積みあげられ、稜線の向こうの風の当たらない側にふきおろされて形づくられた。砂丘は風下の方向にゆっくり位置を変えているものもあれば、動いていないものもある。

概要

- 場所：ナミビア（アフリカ南西部）
- 地形：砂漠と砂丘
- 成りたち：風が砂漠の砂を巻きあげてできた
- 形成年代：砂丘ができたのは200万年以上前

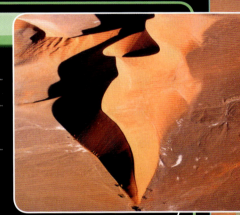

データ

ナミブ砂漠のソッサスブレイ地区では、世界最大級の砂丘が見られる。

ナミブ砂漠
砂漠そのものができたのは5500万年以上前で、最古の砂漠といわれている。

最高記録
ウォルビスベイのデューン7という砂丘は高さが388mもあり、ナミブ砂漠の砂丘ではいちばん高い。

気温
夏の日中は45℃に達する場合があるが、夜には0℃近くまで下がることもある。

| ℃(セ氏) | 10 | 20 | 30 | 40 | 50 |
| ℉(カ氏) | 50 | 68 | 86 | 104 | 122 |

大地が見せる衝撃の構造

六角柱の奇妙な石段

ジャイアンツコーズウェイ（巨人の石道）

いまから約6000万年前、北アメリカをヨーロッパから引きはなす力が働き、現在のイギリスのグレートブリテン島の西側にさけ目ができた。このさけ目から、溶岩が洪水のようにふきだして玄武岩となった。玄武岩は、冷えて固まるとちぢみはじめる。すると岩石には規則正しい亀裂が入り、何万という柱に分かれた。それが大西洋の波によって浸食され丸みを帯び、現在では海岸沿いのがけのふもとから海のなかにまで、石段のように続いている。この奇妙なすがたから、現地では世界七不思議にも匹敵する8番目のふしぎだといわれている。

概要
- 場所：北アイルランドの北東海岸
- 範囲：約1km
- 成りたち：火山の爆発で発生した玄武岩の溶岩流が冷えて固まった
- 形成年代：約6000万年前

データ

ジャイアンツコーズウェイには、4万本以上の石柱がすきまなく立ちならんでいる。溶岩流が冷えて固まるときに、たくさんの柱状に分かれてできたものだ。

柱の形

ほとんどは六角柱だが、ほかに四角柱、五角柱、七角柱、八角柱がある。

形状

形によって、「願いがかなういす」、「羊飼いの足あと」などの名前がついているものがある。

溶岩

固まった溶岩流の厚さは最大で28mに達する。

柱の高さ 最大 12m

世界七不思議級の奇観

巨人の伝説
フィン・マックールという巨人が、けんか相手の巨人と戦うために、アイリッシュ海を渡って対岸のスコットランドにまで続く土手を築いたものが、このふしぎなジャイアンツコーズウェイだというアイルランドの伝説がある。

色とりどりの谷
グランドキャニオン

アメリカにあるグランドキャニオンは、川の流域にある渓谷としては世界でいちばん深い。数百万年もの間、山脈をつくるほどの巨大な力によって岩盤が押しあげられてできたコロラド高原が、長い年月をかけてコロラド川によってけずられた。こうしてできたのが美しい渓谷グランドキャニオンで、みごとな地層を見ることができる。

自然のふしぎ

コロラド川の本流がけずった谷には、ほかの小さな川がけずった小さな谷が合流していて、グランドキャニオン全体の構造を複雑にしている。焼けつくような夏の暑さや霜がおりるような冬の寒さによって、岩の壁ははがれたりくずれたりする。そのため渓谷の幅は少しずつ広くなっている。

グランドキャニオンの岩石の層

大昔、海底だったところに積もった砂や泥、そのほかの堆積物の層が、かたい堆積岩に変わったもの。いちばん下の層がいちばん古い。太古の岩石の層が傾いたり、断層ができたり、摩擦でうすく平たくなったりしたあとで、水平の地層が積みかさなっている。

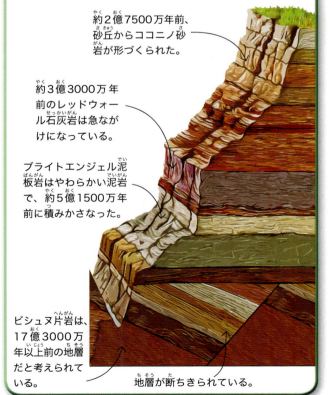

- 約2億7500万年前、砂丘からココニノ砂岩が形づくられた。
- 約3億3000万年前のレッドウォール石灰岩は急ながけになっている。
- ブライトエンジェル泥板岩はやわらかい泥岩で、約5億1500万年前に積みかさなった。
- ビシュヌ片岩は、17億3000万年以上前の地層だと考えられている。
- 地層が断ちきられている。

- がけの高さは、南側(サウスリム)のほうが北側(ノースリム)より約300m低い。
- 夏には雨がよく降るので、枝わかれした谷を流れてコロラド川に合流する小さな川の水量が増える。
- もっとも古い層のひとつにビシュヌ片岩がある。大昔の堆積岩が熱と圧力の作用で変化してできたものだ。

概要

- 場所：アメリカのアリゾナ州
- 全長：446km
- 平均の深さ：1.6km
- 形成年代：コロラド高原ができたのは約2000万年前

データ

グランドキャニオンの高いがけにみられる地層は、地球上でもっとも連続的な地質記録のひとつだ。

気温
南側（サウスリム）では、マイナス29〜41℃の範囲で変化する。

川の浸食
川が谷をけずって幅を1mm広げるには約10年かかる。

岩石の層
岩石の層はおもなもので約22あり、場所によっては40もの層が、重なっている。

谷の幅
いちばん広い部分で約29km、せまいところでも約6kmある。

隠れているもの

岩石のなかには絶滅した海の生物の化石が閉じこめられている。このことから、多くの層が昔は海底にあったことがわかる。この三葉虫はブライトエンジェル泥板岩の層で見つかった。

岩石の層でいちばん新しいのは淡い色のカイバブ石灰岩で、これが渓谷のふちになっている。

気温が低い北側（ノースリム）は、南側（サウスリム）より深く浸食されている。

約17億年前にマグマが上昇して、冷えて固まったのが、「ゾロアスター花崗岩」とよばれる花崗岩だ。

岩石のさけ目（断層）は、岩石の層がずれて動いたことを示している。

もっとも深い地層では、岩石の層がななめになっている。2つのプレートがぶつかって傾いたのだ。

大地が見せる衝撃の構造

ホースシューベンド

　グランドキャニオンは、西に向かって流れるコロラド川が、カリフォルニア湾へと流れでる途中でアリゾナ州の岩盤をけずったことでできた。渓谷の入り口からすぐのところにあるホースシューベンドは、コロラド川の歴史の最初のころにできた、くねくねとした部分で、砂漠の地形が深くえぐられている。川はいまでは、谷のふちから300mも下を流れている。

輝く塩の海
ウユニ塩原

　ウユニ塩原の面積は、日本の島根県の約10倍もあり、見わたすかぎり塩の結晶で輝いている。大昔、ここには塩水湖があったが、ボリビア・アンデスの乾燥した気候にさらされて干あがった。水が蒸発したあとには、塩やそのほかのミネラル、リチウムのような金属が残り、世界最大の塩原ができた。高低差が小さくて、世界でもっとも平らな場所といわれている。塩原には島のような岩石の山がいくつかある。その昔、湖にしずんだ火山の山頂が、ふたたび顔を出したものだ。

概要

- 場所：ボリビア
- 標高：3656m
- 面積：1万582km^2
- 成りたち：塩水湖の水分が蒸発したことによって、塩が結晶となって残った

まぶしいほどの絶景

　毎年雨季になると、大量の雨で近くの湖から水があふれだし、塩原にも浅く水がたまる。するとまわりの風景が鏡のように水面にうつり、広い塩原がまるで空の一部のように見える。

大地が見せる衝撃の構造

地球上でもっとも平らな場所

データ

ウユニ塩原はアンデス高地にあり、まわりを山に囲まれている。塩の厚みは、最大で10mにもなる。

塩辛い湖
雨季にウユニ塩原にたまった水には、海水の8倍もの塩分がふくまれる。

塩の採掘
ウユニ塩原からは、毎年約2万5000トンの塩が採掘される。

リチウムの産地
電池に使われるリチウムの埋蔵量の50％がウユニ塩原にあると考えられている。

塩のブロック
塩原には塩のブロックで建てたホテルがあるが、雨が降ると修理が必要になる。

堆積物の量
塩など 100億トン

おとぎ話の光景

雨の少ないこの地域に、みごとな岩石の柱が立ちならんでいる。どれもみな、風と雨の力でけずられたものだ。この岩はとてもやわらかく、人がくりぬいて住居として使っていたものも多い。

おとぎの国の世界
カッパドキア

　トルコ中央部に、おとぎ話の舞台のようなめずらしい光景が広がっている。岩石の柱があたり一面に立っているのだ。やわらかい岩石の柱の上に、それよりかたい岩石が三角ぼうしのように乗っかり、柱の部分が風雨に浸食されるのを防いでいる。「妖精の煙突」とよばれる柱状の岩石は、火山灰が押しかためられた上に溶岩が広がって固まったものだ。もともとはひと続きの地層だったが、かたい溶岩のすきまから雨水がしみこんで浸食したため、それぞれが独立した岩石の柱になって残った。今後も数千年はこの状態が続くと考えられているが、やがては上のぼうしの部分がくずれおち、下のやわらかい岩石はすりへってしまうだろう。

概要
- **場所**：トルコのカッパドキアのギョレメ国立公園
- **面積**：300km²
- **形成年代**：火山岩がふきだしたのが約300万年前
- **登録**：世界遺産

データ

カッパドキアでは、2000年以上にわたって家や教会、修道院、それに地下都市までが火山岩をくりぬいて建設されてきた。

カッパドキア
カッパドキアという地名は、ペルシア語で「美しい馬の土地」という意味だ。

高さ
カッパドキアの「煙突」は、高いもので40mに達する。

昔からの土地
ローマ帝国の成立以前から、人びとはこの地域でくらしていた。

地下都市
デリンクユはトルコ最大の地下都市で、最大2万人がくらせるくらい広かった。

大地が見せる衝撃の構造

月の谷

　ここはアタカマ砂漠東部の月の谷。夜明けの光を浴びて、円すい形をしたアンデスの火山が、噴煙を上げ、谷を見おろすようにそびえている。手前の白いものは塩の結晶。乾燥した気候のため、はるか昔に干あがった古代の湖のなごりだ。

死の世界

アタカマ砂漠

チリのアタカマ砂漠ほど乾ききった場所は、世界にもほとんどない。植物が生えていない岩だらけのこの土地には、50年以上もまったく雨が降らない場所もある。生き物にとって、この砂漠は南極大陸の内陸部の次にきびしい環境だろう。世界で有数の乾燥したこの砂漠で生きられるのは、休眠状態の細菌類だけ。ここにいる生き物なら、火星に存在できてもおかしくはない。実際、この砂漠は火星の表面によく似ているため、火星探査車のテストに使われたことがある。

概要

- 場所：チリ北部
- 面積：10万5000km² 以上
- 砂漠のタイプ：岩石が多く、塩分をふくむ
- 平均降水量：年間15mm未満

データ

チリの海岸線に沿って 約1000km

範囲
この砂漠は、海からのしめった風が山脈にさえぎられる地域にある。

平均的な幅

160km たらず

晴れた空
1年のうち300日以上は、雲ひとつない空が広がる。

雨量
300万年以上も前から雨の少ない状態が続いている。

気温
日中の気温は40℃に達するが、夜には5℃まで下がることもある。

きわめて乾燥した暑い砂漠

大地が見せる衝撃の構造

マッシュルームロック
　この岩石は、以前は太い根元の部分が砂にうもれていて、風に飛ばされた砂粒によって地面すれすれまでけずられた。いまでは根元までむきだしになり、ふしぎなすがたを見せているが、この根元も、砂粒でけずられていくのだ。

風がきざんだ彫刻

白砂漠

　北アフリカの砂漠にある「ファラフラ」とよばれる場所には、白砂漠ともよばれるカラカラに乾いた大地が広がっていて、そこに点てんとふしぎな岩の彫刻が立っている。1万2000年以上前、この地域はいまより雨が多かった。雨は炭酸をふくんでいるため、石灰岩の表面がとかされた。やがてこの地域が砂漠に変わると、乾いた砂が風でふきとばされて岩にたたきつけられるようになる。砂粒は重くあまり高いところまでは届かないので、岩の下のほうだけがけずりとられた。その結果、乾いた地面から成長して生えたような、マッシュルーム型の岩の彫刻ができあがった。

概要

- 場所：エジプト西部の砂漠
- 面積：300km²
- 地形：石灰岩のカルスト地形
- 成りたち：過去に水による浸食を受け、その後、風に浸食された

データ

この白砂漠の岩石のように、風に運ばれた砂の力で浸食された岩石を「風食れき」という。風食れきは、砂漠地帯ではほぼどこにでも見られる岩石だった。

砂漠の地層
石灰岩からは貝殻の化石が見つかり、大昔にここが海底であったことがわかる。

風による浸食
約7000年前にこの地方が砂漠になって以来、風による浸食が続いている。

気温
夏の気温は47℃にもなることがある。

℃(セ氏)	10	20	30	40	50
℉(カ氏)	50	68	86	104	122

大地が見せる衝撃の構造

世界最大の岩の森

岩に隠れて
するどくとがった岩の間には背の高い樹木が生えていて、岩の上は希少動物にとって最適の隠れ家になっている。たとえば、キツネザルの仲間は天敵に見つからないように岩から岩へ飛びあるいてくらしている。

石灰岩のナイフ

ツィンギ

　マダガスカル西部には、1枚の巨大な石灰岩が熱帯の雨に浸食されて、何千もの垂直に切りたったナイフの刃のような形になっているところがある。酸性の雨水が岩石の割れ目にしみこんで岩をとかした結果、深い谷で分けられた石灰岩の針の森と、その内部にある網の目のような洞くつという、めずらしい光景を生みだした。石灰岩は危険なほどするどくとがっていて、現地では「ツィンギ」とよばれている。「はだしでは歩けないところ」という意味だ。

概要

- 場所：マダガスカルのツィンギデベマラ国立公園
- 面積：660km²
- 気候：熱帯
- 登録：独特の風景と野生動物により、世界遺産として保護されている

データ

約2億年前 形成年代

ツィンギデベマラのような岩の森が、マダガスカルにはもう1か所ある。

洞くつ
岩の下には洞くつが網の目のように続いているが、そのほとんどはまだ調査されていない。

キツネザル
マダガスカルに固有のキツネザルのうち、11種が針の森のなかでくらしている。

ハイキング
岩はするどくとがっていて、ハイキングシューズの底をつきとおすほどだ。

は虫類
針の森には、30種をこえるは虫類が生息している。

針の高さ 最大 70m

大地が見せる衝撃の構造

大陸が引きさかれる！？
大地溝帯（グレートリフトバレー）

地殻にさけ目ができて広がっていくという現象のほとんどは、海底で起こっている。ところがアフリカには、このようなさけ目が陸地を走っている場所がある。アフリカの東側と残りの部分を引きさく「大地溝帯（グレートリフトバレー）」とよばれる巨大なさけ目で、モザンビークから紅海までのびている。この谷には、世界最大級の深さの湖がいくつかある。

2つに分かれるアフリカ

大地溝帯の東リフトバレーから西に枝わかれしている地溝帯があり、ウガンダ、ルワンダ、タンザニアの西の国境になっている。この谷底では大陸地殻が沈下していて、深い湖が鎖のようにつながっている。そのひとつ、タンガニーカ湖は世界で2番目に深い湖といわれている。うすく引きのばされた地殻を通ってマグマがふきだし、多くの火山も誕生した。

大きな段差

大地溝帯の東側が西側から引きはなされていくと、巨大な岩石が次つぎと大地溝帯のなかに落ちこむ。こうして谷の両側に何段もの大きな段差ができて、アフリカ独特の風景が生みだされた。一段一段が、ほぼ垂直の断層をすべりおちたような大陸地殻のかたまりで、急ながけになっている。

そびえるがけ
ケニアでは、トロク川の水が大地溝帯西側のがけを滝のように流れおちている。このがけも、大地溝帯をつくった大きな断層のひとつだ。

大地溝帯の底から上がってくるマグマがビルンガ火山群の噴火を引きおこしている。

タンガニーカ湖は地溝帯にできた湖のなかではアフリカ最大で、最深部は1471mにもなる。

タンガニーカ湖の下にある地殻はさけ目に沈下している。湖底に積もった堆積物もいっしょにしずみこむ。

地殻は引きはなされると2つにさけ、あとには巨大な断層ができて岩盤がすべりおちる。

アフリカ大陸が2つに引きさかれることで、地殻はうすく引きのばされる。

地溝帯の下には地球深部から熱いマントルの上昇流（マントルプルーム）がのぼってきている。

"アフリカ大陸は毎年少しずつ、2つに分断されつつある。"

データ

大地溝帯は、海底ではなく陸地が引きさかれている世界でも数少ない場所のひとつだ。何百万年か後には、東アフリカはインド洋に浮かぶ島大陸になるだろう。

 さけ目 — 大地溝帯の幅は、100年に約71cmずつ広がっている。

 深さ — 谷底には、両側の土地より2700mも低いところがある。

 地殻 — 大地溝帯の下の大陸地殻は、アフリカのほかの部分に比べて厚さはわずか5分の1。

人類 — 大地溝帯では、最古の人類の骨が発見されている。

活火山の数 — 大地溝帯のなかに **30**

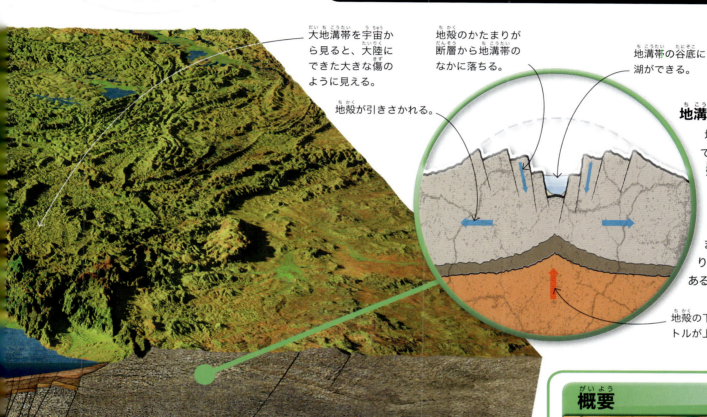

- 大地溝帯を宇宙から見ると、大陸にできた大きな傷のように見える。
- 地殻が引きさかれる。
- 地殻のかたまりが断層から地溝帯のなかに落ちる。
- 地溝帯の谷底に湖ができる。
- 地殻の下に高温のマントルが上がってくる。
- 地殻にさけ目ができると、その下のマントルでは高温の岩石にかかる圧力が下がる。そのため、岩石の一部がとけてマグマになる。

地溝帯の成りたち

地溝帯の大陸地殻は引きのばされて普通の状態よりうすい。うすい地殻の下には高温のマントル層があり、地殻を上に押しあげる。それが限界に達すると、地殻は割れて断層ができる。地殻の一部はかたまりになってこの断層から下にすべりおちる。現在の大地溝帯とそこにある深い湖はこうしてできたのだ。

概要

- **場所**：Y字型の大地溝帯は東アフリカにあり、北はアファール地方（エチオピア）から南はザンベジ川河口までのびている
- **全長**：約4000km
- **形成年代**：さけ目ができはじめたのは約3000万年前
- **構造**：大陸のさけ目

大地が見せる衝撃の構造

地溝帯の湖

　大地溝帯にあるトゥルカナ湖は、谷底がしずんでいくときにできたくぼ地に水がたまって生まれた。プレートが動いて地殻のさけ目が広がると、岩石に亀裂が入る。この亀裂を通ってマグマが上昇し、爆発によってふきだされて、黒い玄武岩の溶岩流となる。湖水が緑色なのは、熱帯の暑さで藻などの微生物が大量に発生するからだ。

失われた世界
ロライマ山

もやのかかった熱帯雨林の上にそびえるのは、周囲を険しいがけでかこまれたロライマ山。「テプイ」とよばれる、山頂が平らな形をした南アメリカのテーブルマウンテンで、いちばん高い山だ。頂上はかたい砂岩の一枚岩で、その昔、ロライマ山とこの地域のほかのテプイとをつないでいた高原の一部だった。いまでは孤立していて、平らな山頂には人も野生動物もまず登ることができない。そのためロライマ山は、ここでしか見られない数種の動植物のすみかになっている。孤立している、というところからアイデアを得て、作家のアーサー・コナン・ドイルは1912年に『失われた世界』という小説を発表した。探検隊が、これと同じような山の上で恐竜がまだ生きているのを発見するという話である。

概要

- 場所：ベネズエラ、ブラジル、ガイアナの国境地帯
- 標高：2810m
- 面積：31km²
- 気候：熱帯の雲霧林

データ

1884年 初登頂
この地域のテプイは、非常に古い岩石のひとつだ。

岩石の年代 約20億年前

 雨
ロライマ山の山頂にはほぼ毎日雨が降る。

 ロライマ固有のヒキガエル
オリオフリネラとよばれ、とびはねるのが苦手で、体を丸めてボールのように転がる。

 がけの高さ
ロライマ山のがけの高さは、400m以上になる。

 3か国の国境
ロライマ山の約85％はベネズエラ、10％はガイアナ、5％はブラジルの領土である。

"「テプイ」は現地のことばペモン語で「神の家」という意味だ。"

霧がかかる山

ロライマ山は濃い雲におおわれることが多く、そのためいっそう孤立して見える。山頂の岩は降りそそぐ雨に激しく浸食され、雨は大きな滝となって山はだを流れおちる。

自然の排水路
アンテロープキャニオン

　干ばつが続くと砂漠が生まれる。長い間雨が降らないと、草木が成長できないからだ。ただ、砂漠も暴風雨におそわれることがある。そんなときには、水を吸収する植物や土壌がほとんどないために、はだかの地面を鉄砲水がどっと流れることになる。激しい流れは砂や岩を巻きこんで、大地に深いみぞをきざみながら滝のように低いほうへと落ちていく。アメリカ南西部にあるアンテロープキャニオンもこうして形づくられた。その光景は、スロットキャニオンとよばれる幅のせまい渓谷のなかでもとくにすばらしい。激しい水流で砂岩がけずられてできた深い割れ目が、曲がりくねって続いている。だがここでは1年のほとんどの時期はカラカラに乾いていて、これほどのふしぎな形をつくりだした水の力はかげも形もない。

概要
- 場所：アメリカのアリゾナ州北部
- タイプ：スロットキャニオン
- 成りたち：鉄砲水による浸食
- 形成年代：渓谷を構成する砂岩の年代は1億8000万年以上前

データ

長さ 400m以上

アンテロープキャニオンは、かつては砂丘だった砂岩がけずられてできた。

深さ 約37m

洪水：大雨が降れば、この渓谷では、ほんの数分で洪水が起こる。

雨：付近の土地の年間降水量は、わずか50mmだ。

気温：夏には38℃まで上がることがある。
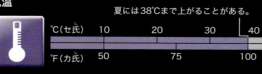

大地が見せる衝撃の構造

水の彫刻
　幅のせまい渓谷に日の光が差しこむと、砂岩の層がさまざまな色に輝く。勢いよく流れる水が砂漠の砂を運び、何千年という時間をかけてむきだしの岩をけずり、みがいて、このみごとな光景をつくりあげた。

火と水蒸気（すいじょうき）

壮観（そうかん）な炎（ほのお）の噴水（ふんすい）とともに
溶岩（ようがん）をふきあげたり、
とてつもない大爆発（だいばくはつ）を起こしたりする火山は、
地球がつねに活動していることを教えてくれます。
火山を爆発（ばくはつ）させる大きな力は、
温泉（おんせん）や間欠泉（かんけつせん）のもとにも
なっているのです。

炎の川
キラウエア山

世界でも有数の活動的な火山

ハワイ島は巨大火山が集まってできた島だ。海面から5500mの深さにある太平洋の海底で爆発が起こって生まれた。なかでもいちばん新しく、いちばん活発な火山がキラウエア山だ。キラウエア山の内部には煮えたぎる玄武岩質の溶岩がつまっている。溶岩は、定期的にあふれだし、粘り気が少ないために川のように海岸まで流れていく。表面は固まってもその下では流れつづけていて、山腹の斜面を下っていく。やがて海に流れこむと、溶岩が海水に触れて水蒸気が盛大に立ちのぼる。粘り気の少ない液状の溶岩は短時間で遠くまで流れるので、火山は急角度の円すい形ではなく、すそ野が広く傾斜がゆるやかな、楯状火山になる。

概要

- 場所：アメリカのハワイ州
- 火山のタイプ：海洋性楯状火山
- 面積：1500km²
- 標高：1222m

データ

ハワイ島は、フアラライ、キラウエア、コハラ、マウナケア、マウナロアの5つの火山が合体してできている。このような複合火山のなかでは世界一高い。

表面
表面のほぼ70％は、過去600年ほどの間に流れだした溶岩流でおおわれている。

火山の年代
生まれたのは約60万年前だが、海面に顔を出したのは約10万年前である。

火山活動
1983年1月に始まった噴火はいまも続き、溶岩は海へと流れこんでいる。

海底からの高さ
キラウエア山の太平洋海底からの高さは、6750m以上ある。

最古の露出した溶岩
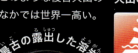
2800年前

火と水蒸気

わきたつ炎

キラウエア山でもっとも活発な火口から、玄武岩の溶岩が燃えさかる炎となってふきあがる。この火口は火山の東斜面に細長く開いた割れ目の一部で、1983年以来ずっと噴火活動を続けている。

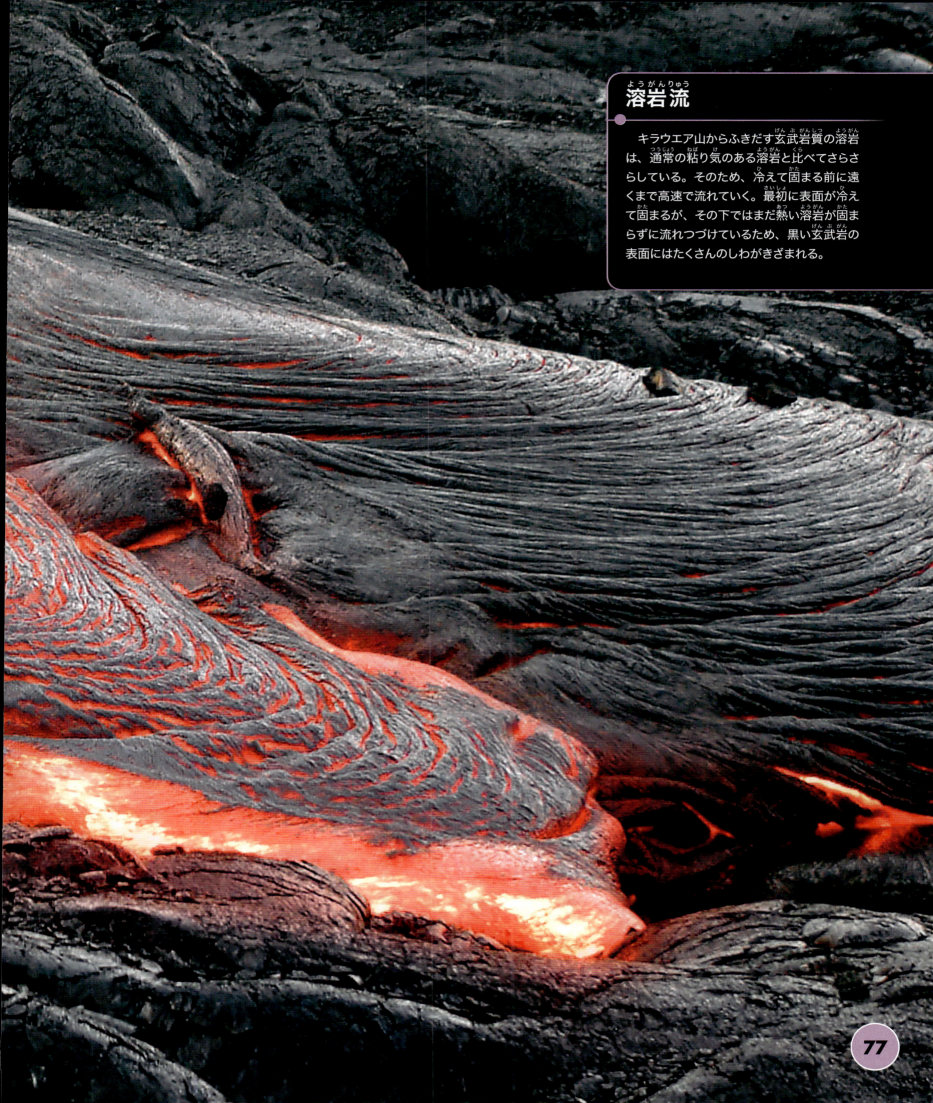

溶岩流

キラウエア山からふきだす玄武岩質の溶岩は、通常の粘り気のある溶岩と比べてさらさらしている。そのため、冷えて固まる前に遠くまで高速で流れていく。最初に表面が冷えて固まるが、その下ではまだ熱い溶岩が固まらずに流れつづけているため、黒い玄武岩の表面にはたくさんのしわがきざまれる。

火山ができる場所

ハワイ諸島

太平洋の真ん中には島と海山が連なってロシアにまでのびる長い火山列があり、ハワイの活火山もその一部だ。太平洋の海底はプレートに乗って動いているが、その下にあるホットスポット（マグマが上昇してくる場所）は、同じ場所にとどまっている。そのためホットスポットで火山が噴火してできた島が、プレートとともに北西に移動し、ホットスポットからはなれていくと、火山は活動をやめ、少しずつ海の下へしずんでいく。

火山の通り道

ハワイ諸島は、マントル深部からのぼってくる高温のマントルの上昇流（マントルプルーム）によってつくられた。プルームは大量のマグマをつくり巨大な火山を生みだすのだ。海底が北西方向に動いていくと、火山はやがて活動を終えるが、ホットスポットはもとの場所から動かないので、その上にまた新しい火山が生まれる。

カウアイ島はハワイ諸島の主要な島のなかではいちばん古い。カウアイの火山が最後に噴火したのは約50万年前である。

オアフ島の火山は浸食が進んでいて、ここ1万年は活動していない。

この島は海面下にしずみ、頂上が平らな海山（ギヨー）になっている。

太平洋プレートは、上部マントルの流れに引きずられて、とてもゆっくりした速度で地球上を移動している。

マントルは、重くて高温の岩石でできている。マントルは固体だが、ゆっくりと動いている。

概要

- 場所：中部太平洋
- 火山のタイプ：海洋性楯状火山
- 長さ：ハワイ諸島全体で約2400km
- 標高：もっとも高いマウナケア山が4207m

データ

ハワイ諸島には火山島と環礁を合わせると132の島がある。島じまは北西方向に連なっていて、そのなかには活動を終えて海面下にしずんだ火山が80以上ある。これらは天皇海山群とよばれている。

動くプレート
太平洋プレートは1年に約10cmの速さで、北西に移動している。

いちばん高い山
海底から山頂までの高さではかった場合、マウナケア山が約1万mで世界一高い山になる。

連なる島じま
ハワイ諸島と天皇海山群を合わせると、全長5800km以上になる。

海山
いちばん新しい海山であるロイヒが生まれたのは約40万年前、いちばん古い明治海山の誕生は約8500万年前である。

しずんでいく島

火山がホットスポットからはなれて噴火しなくなると、海洋プレートが冷えて重くなるとともに、島もいっしょにしずみはじめる。島のまわりにできていたサンゴ礁もしずむが、しずむ速度がとてもゆっくりなので、その間にサンゴは成長する。やがてもとの火山は海面下にすがたを消し、サンゴだけがリング状に残る。これを「環礁」という。

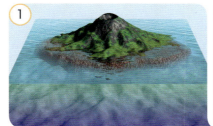

1 火山島が誕生する
ホットスポットで火山が生まれ、円すい形に成長する。この火山は、地球内部の高温のマントルに押しあげられた海底の上にできたものだ。

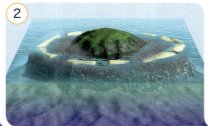

2 島がしずむ
活動を終えた火山の下の海洋プレートは冷えてしずむが、まわりのサンゴ礁は成長を続ける。一方、円すい形の山は風雨に浸食される。

3 環礁ができる
海上に出ていた火山本体は完全にしずんでしまうが、サンゴ礁はリング状に残り、真ん中の礁湖を取りかこむ砂の島(環礁)になる。

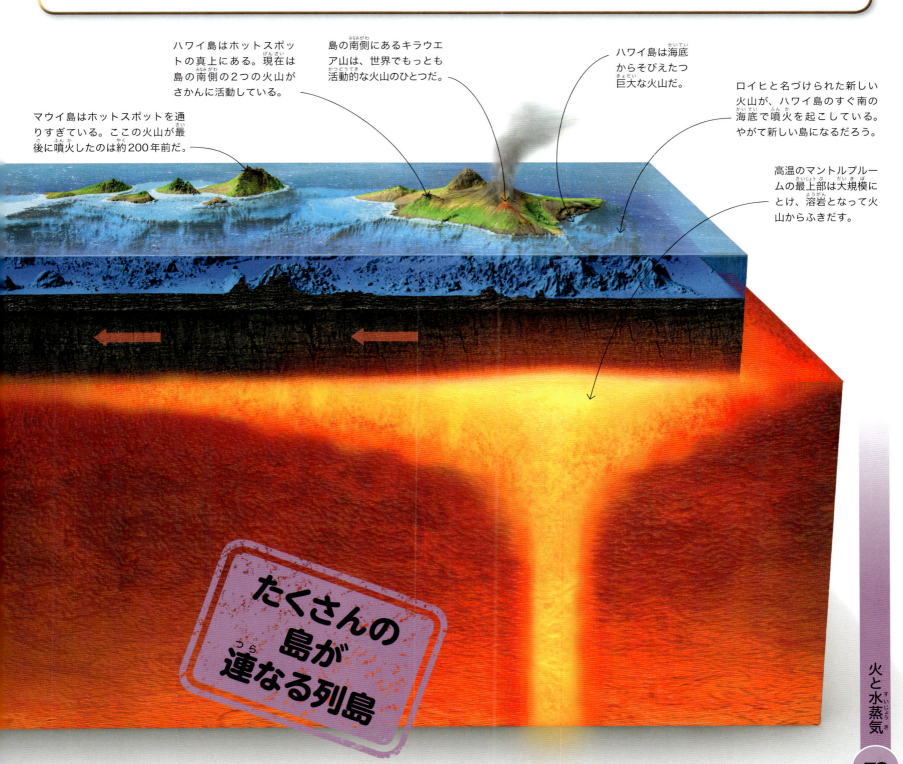

マウイ島はホットスポットを通りすぎている。ここの火山が最後に噴火したのは約200年前だ。

ハワイ島はホットスポットの真上にある。現在は島の南側の2つの火山がさかんに活動している。

島の南側にあるキラウエア山は、世界でもっとも活動的な火山のひとつだ。

ハワイ島は海底からそびえたつ巨大な火山だ。

ロイヒと名づけられた新しい火山が、ハワイ島のすぐ南の海底で噴火を起こしている。やがて新しい島になるだろう。

高温のマントルプルームの最上部は大規模にとけ、溶岩となって火山からふきだす。

たくさんの島が連なる列島

火と水蒸気

炎をたたえる溶岩の湖
エルタアレ山

アラビアプレートがアフリカからはなれていくことで地殻が引きさかれてできたのが、アフリカ大地溝帯だ。その北の端にあるエルタアレ山は、激しい噴火をくりかえす火山として有名だ。エルタアレ山ではマグマが地殻の下からわきあがってきて、玄武岩質の溶岩湖をつくっている。溶岩は、煮えたぎる水のように泡立ち、ゆれうごく。溶岩の表面は冷えて固まり、岩石のうすい皮ができるが、もろいのですぐに割れてしずみこみ、その下から真っ赤にとけた溶岩が顔を出す。数年に一度、活動がとくに激しくなる時期がある。そのときには溶岩があふれてまわりの地面にまで広がる。これがくりかえされると、黒っぽい玄武岩でできたすそ野の広い楯状火山ができあがる。

概要
- 場所：エチオピア（アフリカ北東部）のアファール盆地
- 火山のタイプ：楯状火山
- 火山の幅：約59km
- 標高：613m

しゃく熱の岩石
エルタアレ山の溶岩湖は夜になると本当のすがたを見せてくれる。表面が冷えて黒くなったうすい岩石の皮の下から真っ赤な溶岩があらわれ、火口の内部を赤あかと照らす。

もっとも長く活動している溶岩湖

データ

溶岩湖の直径 約150m

溶岩湖 この溶岩湖が活動を始めてから、110年ほどたっている。

世界に6か所しかない溶岩湖のひとつで、もっとも活動が激しい。

名前の意味 エルタアレは、現地のアファール語で「煙を出す山」という意味だ。

溶岩の温度 ℃(セ氏) 500 1000℃ 1000 ℉(カ氏) 1000 2000

最近の大爆発 2007年

色とりどりの池
ダロルの温泉

　エチオピアのダロル山には温泉が多い。地熱で温められて地上にわきだしているのだが、その色がとてもあざやかだ。地域全体が広大な塩原になっていて、1km以上も塩が厚く積もっている。そのなかに点てんと、蒸気を上げる噴気孔や、温泉の熱でぶくぶくと沸騰している池などがある。噴気孔や温泉にふくまれる塩分、硫黄、カリウム、鉄分などで色とりどりの鉱物の原野ができる。鉱物の一部が水にとけると、緑がかった硫酸の池になる。ダロル山は猛烈な暑さで知られるダナキル砂漠にあり、標高は海面よりかなり低い。この地の環境は地球上でもとくにきびしいと考えられている。

概要

- 場所：エチオピア（アフリカ北東部）のダナキル砂漠
- 構造：塩原のなかにある熱水域
- 高度：約マイナス45m（海面より低い）
- 平均気温：34℃

データ

　ダロル山の温泉は、大地溝帯の北の端にあたるダナキル砂漠にある。ここはアフリカでもっとも低い場所で、海面より100mも低いところがある。

鉱物
エチオピアの塩は、ほぼすべてがこの塩原から集められている。

噴気孔
噴気孔からは硫化水素が出るため、くさった卵のようなにおいがする。

気温
6月の最高気温は47℃にもなる。

ダロル山の噴火

最後の噴火は **1926**年

火と水蒸気

82

色とりどりの結晶

塩分をたくさんふくむ水がダロル山のきびしい暑さで蒸発すると、あとには塩の結晶が分厚く残る。この結晶に、鉄の赤さび色、硫黄の黄色など、さまざまな鉱物の色がつく。地平線に浮かぶ黒っぽい色の丘は小規模な噴火のあとだ。

人がすんでいる もっとも 暑い土地

わきたつ泥
ロトルアカルデラ

ニュージーランドでは地震がよく起こる。2枚の地殻プレートがここでこすれあっているからだ。主要な島のひとつである北島の下で太平洋の海底が押しあっているため、島は少しずつ引きさかれ、中央部に巨大な割れ目ができている。この割れ目から、過去にマグマがふきだし、月のクレーターのような大カルデラを形づくった。現在はここにタウポ湖、ロトルア湖などの湖ができている。カルデラ内では、地熱で水が煮えたち、温泉や間欠泉、泥池となってあらわれる。なかでも見ごたえがあるのがロトルア市周辺の光景だ。空気中に大量の火山ガスがふくまれ、このにおいからロトルアは別名「硫黄の町」とよばれている。

概要

- 場所：ニュージーランド北島のタウポ火山帯
- 形成年代：ロトルアカルデラができたのが約23万年前
- おもな特徴：泥池、温泉、間欠泉
- 地熱活動：常時

データ

タウポ火山帯は、アメリカのイエローストーンと同様、活動を休止している超巨大火山。同じように、地球全体に影響を与えるような大爆発を起こしたことがある。

ロトルアの町

ロトルア（人口約7万人）は、町全体がロトルアカルデラのなかにある。

タウポ火山帯

ここの超巨大火山が最後に噴火したのは、約2万6500年前だ。

割れ目の長さ

カルデラをつくりだした割れ目は全長350km。太平洋の海中まで続いている。

km	250	300	350	400
マイル	150	200	250	

カルデラの面積 約80km²

泥の泡

ロトルアの泥の下からふきあがってくる火山ガスが、円形のみごとなさざ波模様をつくっている。硫黄ガスと水が混じって硫酸となり、その作用で岩石がとかされて泥になる。

焼けつくほどの熱さ
ブラックスモーカー

水温2℃のくらやみの世界である深海には、海底から高温の熱水がいきおいよくふきだしている場所がある。中央海嶺が生まれる地震の割れ目の下でマグマが上昇すると、海底下の岩石が熱せられ、岩石にしみこんでいる海水にも熱が伝わる。海底下で圧力のかかった熱い海水には岩石にふくまれる元素がとけこんでいるが、海底からふきだして冷たい海水に冷やされると、黒い鉱物粒子になる。

煙をふきあげる噴出孔

海底の岩石にしみこんだ海水は、熱せられてまた海に出されるが、一部は煙突のようにもくもくと広がり、一部は煙突のような構造をつくってくる。意外にも、この熱水噴出孔は特殊な動物（カニ、イカ、ジャイアントチューブワームなど）の巨大コロニーを支える場となっている。

概要

- **場所**：中央海嶺（東太平洋海嶺、大西洋中央海嶺など）
- **深さ**：平均2100m
- **大きさ**：高さは40mをこえることがある
- **成りたち**：海底の岩石からとけでた鉱物がくっついて層になり煙突のようになった

データ

- **温度**：スモーカーからふきだす熱の温度は、ブラックスモーカーでは、最高で464℃になる。
- **成長スピード**：1日30cmもの速さで成長するものもある。
- **超深海**：これまで発見されたブラックスモーカーでは、約5000mの深海のものが最も深い。
- **熱水活動地域**：噴出孔が集まる地域で最大規模のものには、サッカー競技場ほどの広さがある。

最初に発見された噴出孔：1977年に東太平洋海嶺で発見

もっとも熱い水

熱水噴出孔のなかの水は高い圧力を受けるので、100℃をこえても沸騰しない。過熱された水が、産卵から出て2℃の冷たい海水にふれると、もくもくと広がる。

熱水が衝突のなかで冷やされると、さまざまな種類の鉱物がくっついて層をつくる。

熱水には、さまざまな元素がとけこんでいて、冷たい海水に触れられるとすぐ沈殿する鉱物粒子のようになる。

くらやみで生きる

ほとんどの動物は、日光で光合成をする植物や藻類を栄養にしている。しかしどうぶつに、太陽の光が届かない深海にも、生き物がすんでいる。たとえば、カニはバクテリアそのものを食べるが、太平洋に生息するジャイアントチューブワームという動物は、体内にバクテリアを大量にすまわせて、バクテリアがつくる物質から栄養をとっている。

ジャイアントチューブワームには、口も眼も胃もない。生きるために必要な栄養分を真っ赤なエラから体内に取りこむ。バクテリアを体内に取り込んで、必要な栄養分を真っ赤なエラから体内に取りこむ。

ジャイアントチューブワームは体長3mまで成長することもある。

イガイ

バクテリア

眼が退化した白いカニは、層になったバクテリアを食べて生きている。

水温2℃ほどの冷たい海水が海底の割れ目からしみこみ、高温の岩石に熱せられてふたたび上昇する。

炎を上げる島
火山島ジャワ

ジャワ島は海洋プレートがしずみこむところにあり、これまでに何度も火山の噴火を経験している。しずみこむプレートといっしょに海水が引きこまれると、地下にある高温のマントルはとけやすくなる。それが、プレートの境界で火山が噴火するきっかけとなるのだ。海底でこの現象が起こる場所には、火山島が鎖のように連なった「島弧（弧状列島）」ができる。ときにはいくつかの島が合体して、ジャワ島のような大きな島がつくられることもある。こうしてできた火山はガスをたっぷりふくんだ粘り気の強い溶岩を出す。溶岩は火口からあふれたり、爆発的に空中に飛びちって大量の火山灰を降らせたりする。そして灰と溶岩が層になって、成層火山とよばれる急斜面の円すい形の火山ができあがる。

"インドネシアには約130もの活火山がある。"

概要

- 場所：インドネシアのジャワ島
- 火山のタイプ：成層火山
- 最高地点：スメル山（標高 3676m）
- 形成年代：200〜300万年前に火山の噴火で形づくられた

データ

ジャワ島は、地球上でもとくに火山の多いスンダ列島に属している。近世で最大の噴火といわれるタンボラ山（1815年）や、クラカタウ山（1883年）の噴火は、ジャワ島近くで起こっている。

ジャワ島
ジャワ島には45の活火山のほかに休止状態の火山がたくさんあるが、活動が終わったわけではない。

メラピ山
メラピ山では、地球上のどの火山よりも多く火砕流が発生している。

スメル山
スメル山はジャワ島の最高峰で、10〜30分ごとに火山灰をふきあげている。

密集する火山
ジャワ島では、わずか80kmほどの間隔で火山が連なっている。

円すい形の火山群

ジャワ島では背骨のように火山が連なっている。そのうち5つは、約4万5000年前に噴火してできた大規模なカルデラ（火口がくずれてできるくぼ地）のなかで噴火を起こしている。ブロモ山周辺の地形はこのようにしてできたものだ。これを見れば、ジャワ島が活発な火山島であることがよくわかる。

激しい火山活動
エトナ山

地中海のシチリア島にそびえるエトナ山は、世界でもとくに活動的な成層火山だ。ひんぱんに噴火をくりかえし、積みかさなる灰と溶岩で成層火山特有の巨大な円すい形をつくりあげてきた。標高は高く、冬には山頂が雪でおおわれる。しばしば噴火するが、それによって、たまった圧力が弱まり、より大規模で危険な爆発を防いでいるともいえる。つまり、エトナ山は気性は激しいが、見た目ほど危険ではない。

火山灰の雲

火山としてはめずらしく、エトナ山の噴火はそのときどきでちがったようすを見せる。あるときには溶岩が川のように流れ、あるときには激しい爆発を起こして火山灰の雲が立ちのぼり、火山弾が雨のように山麓に降りそそぐ。

地層のすき間に入りこんだマグマは、浅いマグマだまりになる。

高温の灰やガスは火砕流となって山腹を流れくだる。

小さな火口や割れ目からも噴火するため、噴出物が積みかさなってこのような噴石丘がたくさんできている。

概要

- 場所：イタリアのシチリア島東部
- 火山のタイプ：成層火山
- 周囲：約140km
- 標高：3350m

データ

約50万年前 — 火山の成立時期

とても複雑な構造で有名。ヨーロッパでいちばん標高が高く、いちばん活発な火山でもある。

周辺の人口
シチリア島の人口の25%以上がエトナ山の山腹やふもとにすんでいる。
0% 10% 20% 30% 40% 50%

火山活動
過去3500年で200回も噴火している。

煙の輪
エトナ山頂の火口からは、水蒸気が巨大な煙の輪のようになってふきだされる。

もっとも激しい噴火
1669年3月

側噴火

エトナ山では、山頂だけでなく山腹の火口や割れ目からも噴火する。これを「側噴火」という。爆発力は山頂噴火より小さいが、火柱をふきあげたり、高速で流れくだる溶岩をふきだしたりして、田畑や家、場合によっては村全体をおおいつくすような大惨事を引きおこすことがある。

火山灰の雲は電気を帯びていて、稲妻を引きおこす。

大爆発で発生する火山灰の雲は、最大で10kmの高さになることがある。

マグマが火口からふきとばされ、火山弾となって空中に飛びちる。

溶岩は山腹を流れるうちに冷えて、かたい岩石に変わる。

エトナ山の下には、大昔の円すい形火山が少なくとも4つ、うもれている。

噴火するたびに溶岩と灰の層が増え、火山は円すい形になる。

火山が生まれる前には堆積岩の層が横たわっていた。

地球内部のマントルからマグマが少しずつ上がってきて、深いマグマだまりがいっぱいになる。

ヨーロッパ最大の火山

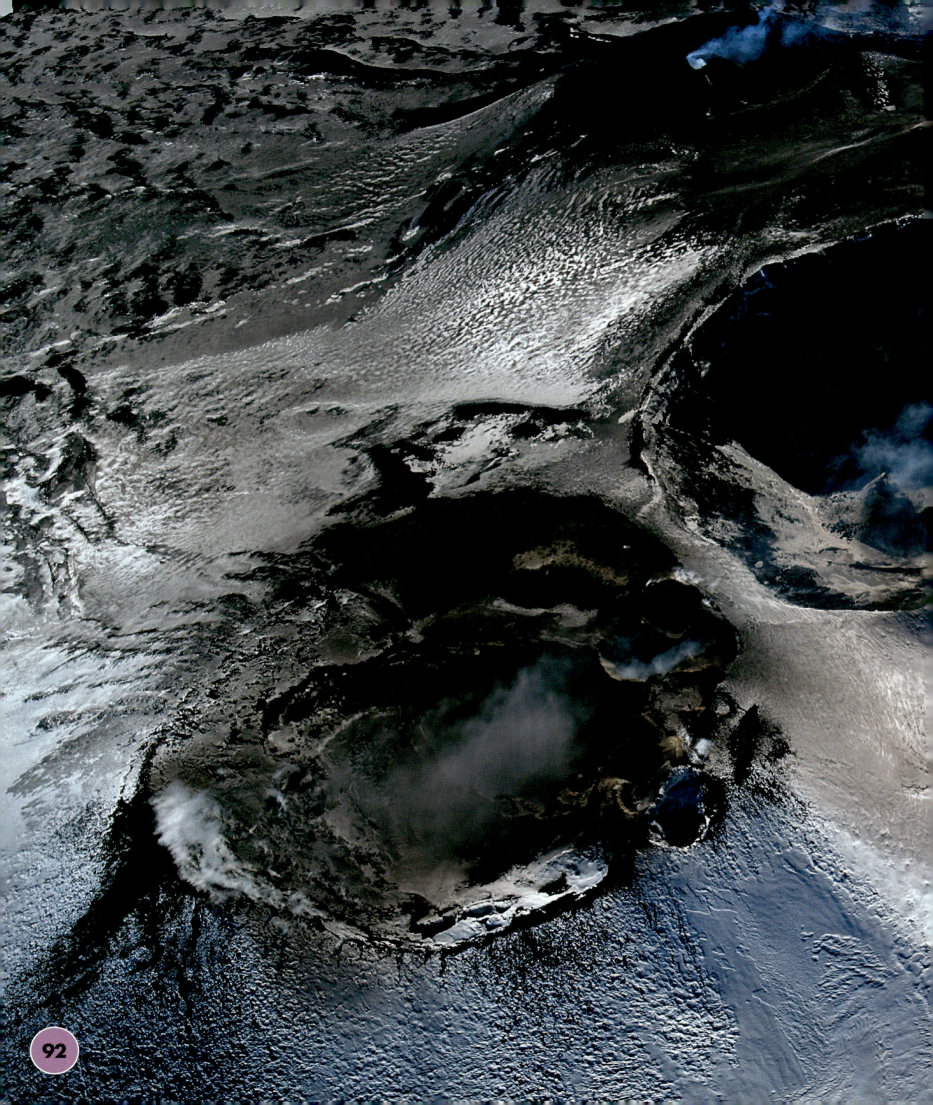

噴煙を上げる山頂

　約2000年前、エトナ山で大噴火が起こり、山頂がくずれて広大なくぼ地ができた。そのくぼ地はゆっくりと時間をかけて溶岩でうめられてきた。この山頂カルデラのなかに、現在も活動を続ける4つの火口がある。そこではときに爆発的な噴火が起こり、火山灰や火山ガスの柱が空中高くふきあげられる。冬になると、火口周辺の斜面は雪で白くなる。

超巨大火山 ― スーパーボルケーノ ―

概要

- 場所：アメリカのイエローストーン国立公園
- カルデラの大きさ：約3900km²
- 成りたち：火山の大噴火で空になったマグマだまりに地面がくずれおちてできた
- おもな特徴：間欠泉、温泉、噴気孔、小規模な地震

イエローストーンカルデラ

イエローストーン国立公園には見ごたえのあるすばらしい光景が広がっているが、その地下深くにはいつ爆発してもおかしくない超巨大火山が隠れている。マグマを大量にかかえているこの火山が噴火すれば、全世界に大きな影響が出るだろう。実際、大昔にそのような大噴火が起こり、大気圏に火山灰が広がって地球全体をおおいつくしたこともある。そのとき噴火によってマグマだまりが空になり、その上の地面がくずれおちて広大なくぼ地ができた。これがイエローストーンカルデラだ。現在イエローストーンに温泉や間欠泉がたくさんあるのは、地下に熱源があるからだ。

イエローストーン国立公園の中心部、カルデラのいちばん低いところにイエローストーン湖がある。

カルデラの底は、地下のマグマがふくれあがるので、一部が浅いドーム状に盛りあがっている。

イエローストーン国立公園の総面積は8983km²だ。

眠っている巨人

イエローストーンはホットスポットの上にあり、マントルが地球の核の近くから上昇してくる。このマントルの上昇流（マントルプルーム）は固体だが、ごくゆっくりと動いている。最上部では圧力が下がるため、高温の岩石の一部がとけて、イエローストーン直下の地殻の奥にあるマグマだまりに流れこむ。ここからマグマはさらに、イエローストーンカルデラの下にある、より浅いマグマだまりにはいっていくのだ。

カルデラの下にあるマグマだまりによって地下水が熱せられ、温泉や間欠泉となってふき出ている。

深部にあるマグマだまりでは、一部がとけた高温でやわらかい岩石と、液状のマグマが混じりあっている。

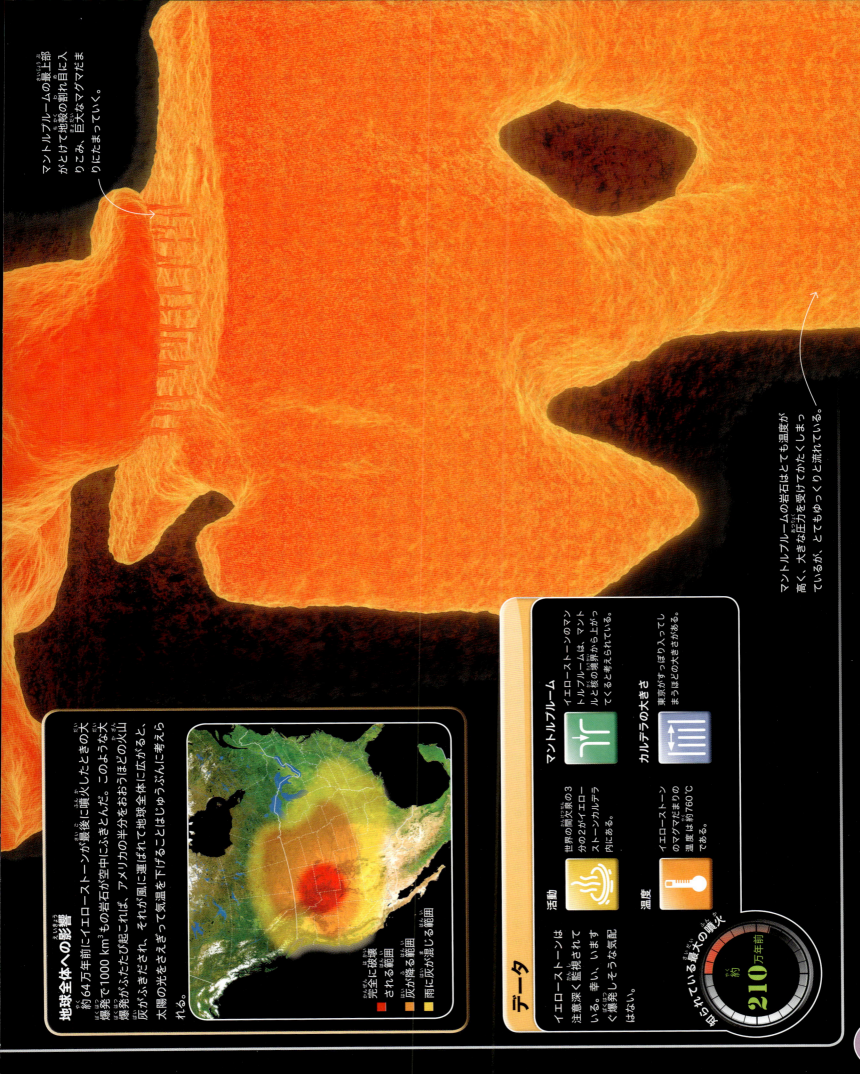

マントルプルームの最上部がとけて地殻の割れ目に入りこみ、巨大なマグマだまりにたまっていく。

マントルプルームの岩石はとても温度が高く、大きな圧力を受けてかたくしまっているが、とてもゆっくりと流れている。

地球全体への影響

約64万年前にイエローストーンが最後に噴火したときの大爆発で1000 km³もの岩石が空中にふきだんだ。このような大爆発がふたたび起これば、アメリカの半分をおおうほどの火山灰がふきだされ、それが風に運ばれて地球全体に広がると、太陽の光をさえぎって気温を下げることではじゅうぶんに考えられる。

- 完全に破壊される範囲
- 灰が降る範囲
- 雨に灰が混じる範囲

データ

イエローストーンは注意深く監視されている。幸い、いますぐ爆発しそうな気配はない。

活動
世界の間欠泉の3分の2がイエローストーンカルデラ内にある。

温度
イエローストーンのマグマだまりの温度は約760℃である。

マントルプルーム
イエローストーンのマントルプルームは、マントルと核の境界から上がってくると考えられている。

カルデラの大きさ
東京がすっぽり入ってしまうほどの大きさがある。

知られている最大の噴火
約 **210** 万年前

火と水蒸気

95

熱と生命

遊歩道を歩く人のすがたと比べると、イエローストーンのグランドプリズマティックスプリングがどれほど大きいかわかるだろう。ここは地球で最大規模の温泉だ。中心の青いところでは、最高87℃の熱湯が地下からわきでている。熱湯は周辺に広がるにつれて温度が下がり、微生物が生きられるようになる。生息する微生物の種類によって、色が変わって見えるのだ。

第4章

氷が生んだ景観

地球の淡水のおよそ70%は氷です。
氷のほとんどは氷床や氷河になっていて、
北極や南極、または高い山でしか見られません。
しかし、ほんの1万数千年前の地球では、
氷でおおわれた土地が
もっとずっと広かったのです。
大昔、氷でおおわれていた土地には、
いまも氷河時代のあとが残っています。

氷の川
カスカウルシュ氷河

　高い山や北極・南極の周辺では1年を通して気温が低く、雪はとけることがない。厚く積もった雪の層は、押しかためられて氷になる。カナダ西部にあるカスカウルシュ氷河のように、重い氷は氷河になって山の斜面をゆっくり下っていく。氷河は山をけずって深い谷をつくり、けずられて細かくなった岩石の粒子は氷河の表面に積みかさなって運ばれる。小さな氷河が合流して大きな氷河になることもある。また、寒冷な地域では凍ったまま海まで流れていく氷河もある。カスカウルシュ氷河の終着点はセイントイライアス山地で、ここからは雪どけ水が川になって流れている。

概要

- 場所：カナダのクルアニ国立公園
- 全長：約75km
- 最大幅：約6km
- 現状：縮小している（そのため、雪どけ水が流れこむ川のひとつが干あがってしまった）

データ

世界中の多くの氷河と同じように、カスカウルシュ氷河も年ねん縮小している。地球温暖化により氷がとけているからだ。

氷の厚さ
いちばん厚いところでは1000mほどもある。

面積
氷河は2万5000km²以上に広がっている。

流れる速さ
1年に約150mの速さで流れている。

m	50	100	150
フィート	160	330	500

氷が生んだ景観

氷と岩

2つの氷河が合流して大きなカスカウルシュ氷河になっている。谷をけずって氷の表面にたまったがれきは、モレーンとよばれ、まるで黒いリボンのような曲線を描いて運ばれる。氷河の末端ではターミナルモレーンとよばれる大きな土手になる。

氷河が消えたら

アメリカのモンタナ州にある谷には、かつて大きな氷河があった。氷河は岩はだをけずったがれきを運びながら少しずつ流れ、氷の重さで山あいに深いくぼみをつくる。氷がとけた現在も、その形は残っている。

氷がけずる
氷河時代のあと

　現在をふくめて、少なくともこの約200万年間は、「氷河時代」とよばれる寒い時代である。氷河時代のなかでは、寒い時期の「氷期」と温暖な時期の「間氷期」がくりかえされている。現在は間氷期の比較的あたたかい時期で、氷河は南極やグリーンランドや、高い山でしか見られない。だが2万2000年前には、北アメリカ大陸の北部やユーラシア大陸の北半分はほとんどが氷におおわれていた。氷がとけるとき、とくに高地では、独特の地形が残った。氷河によってけずられてできたU字型の深い谷や、氷河湖、さらに氷河が岩はだをけずったがれきが斜面状に厚く積もったモレーンとよばれる地形などが、その代表だ。現在絶景といわれている山岳風景の多くが、じつは氷によって形づくられたものなのだ。

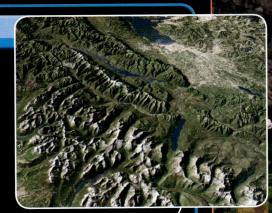

概要

- 場所：北アメリカ、ユーラシア、パタゴニア、ニュージーランド
- 形成年代：1万年以上前
- 成りたち：氷による浸食のあと
- 最大規模の氷河のあと：五大湖（北アメリカ）

データ

もっとも近い時期で、いちばん寒さがきびしかった氷期には、大量の水が大陸をおおう氷に変わり、海水面が最大で120m以上も下がった。氷床の範囲は北半球ではシアトルやニューヨーク（アメリカ）、ベルリン（ドイツ）にまで広がっていた。

氷河の氷
現在、地球上の陸地の10%が氷でおおわれているが、最近の氷期には32%が氷でおおわれていた。

淡水
地球の淡水の約70%は氷河の氷。

海水面
氷河の氷がすべてとけると、地球の海水面は70m上昇する。

カナダ
約2万年前には、カナダの97%が完全に氷におおわれていた。

氷が生んだ景観

深く雄大な谷
ノルウェーのフィヨルド

いちばん近い氷期のとき、スカンディナビア半島では、氷にとざされた山やまから海岸まで何本もの氷河が流れていた。氷河によって谷はU字型に深くけずられ、周辺の海面より低くなった。世界中の氷河がすっかりとけてしまうと、大量の水が海に流れこんで海面が最大100mも上昇した。氷河がけずったU字型の谷にも水が流れこみ、谷が海にしずんで、深い入り江が続くフィヨルドができたのだ。もともと氷河が流れていた谷は、両側の岩の壁が急なところが多い。ほとんど垂直に近く、海にまっすぐ落ちこんでいるところもあるほどだ。ノルウェーのフィヨルドは多くが周辺の海より深く、大型の船も航行できる。両側にそびえるがけに比べれば、大型船も小さく見える。

概要

- 場所：ノルウェー西部
- 水深：330m以上
- 全長：ノルウェーでいちばん長いフィヨルドは全長205km
- 形成年代：ほとんどが1万年以上前

データ

ノルウェー本土とスバールバル諸島を合わせて、約1190のフィヨルドがある。フィヨルドの海岸はとても印象的だ。

サンゴ礁
ノルウェーのフィヨルドでは、冷たい海に生息する最大規模のサンゴ礁が見られる。

道路トンネル
交通を便利にするため、フィヨルドの下にトンネルが建設されてきた。

海岸線
ノルウェーの海岸線は、フィヨルドをふくめると約2万9000kmだが、フィヨルドを計算に入れなければ2500kmしかない。

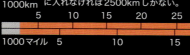

フィヨルドの深さ

最深
1308m

氷が生んだ景観

氷の力

　ノルウェー南部のリーセフィヨルドは、1万2000年以上前に大規模な氷河が花崗岩をけずってできた。両側にそびえる急ながけは、低いところでも水面から約600mの高さがある。

青く美しい氷の洞くつ
メンデンホール氷河

　高い山で生まれた氷河はゆっくりと山を下る。ふもとに近づくにつれて気温が高くなると、氷がとけはじめる。氷河の先端では、地面に近いところを雪どけ水が流れ、ぽっかりとあいた氷の洞くつをつくる。アメリカ・アラスカ州にあるメンデンホール氷河の長いトンネルも、こうしてつくられたものだ。トンネルの氷は、氷河の重みで上から圧縮されることで、空気の気泡などがぬけて密度と透明度が高くなっている。太陽の光が氷河の内部を通りぬけるとき、氷によって波長の長い赤い光が吸収されるため、氷の壁や天井は透きとおった青色に輝いて見える。

概要
- 場所：アメリカのアラスカ州南東部
- 氷河の長さ：約22km
- 氷河の現状：地球温暖化により縮小している
- 氷の洞くつ：とけて消えつつある

データ

洞くつをつくる氷は、数百年前にアラスカのジュノー氷原に降った雪が凍ってできたものだ。

氷河の出発点　メンデンホール氷河は、ジュノー氷原から流れだす38本の大氷河のひとつだ。

凍った樹木　とけた氷からは、1000年以上前の木の切り株が、凍った状態で見つかることがある。

面積　ジュノー氷原の面積は約3900km²。北アメリカで5番目に大きい氷原だ。

洞くつの壁ができた時期

約250年前

氷が生んだ景観

106

青い洞くつ
　メンデンホール氷河先端部の地面に近いところで昔の氷がとけだすと、雪どけ水の流れであちこちにみごとな氷の洞くつができる。洞くつはいつも形を変えていて、なかにはすぐに消えてしまう洞くつもある。

極寒の氷の大陸
南極

現在の南極大陸は、地球上でもっとも寒い場所だ。かつて南極大陸は、いまよりあたたかく、緑の森におおわれ、恐竜が歩きまわっていた。しかし、プレート運動によって南極点まで運ばれ、凍りついた不毛の土地に変わったのだ。厚く広がった氷床は、南極大陸の岩盤のほとんどをおおい、さらに沿岸部の冷たい海にまで流れでている。

岩と氷

南極大陸から分厚い氷を取りのぞいたら、険しい南極横断山脈で大陸が東と西に分けられていることがわかる。大陸の岩盤のほとんどは、分厚い氷の重さのために海面より下にしずんでいる。氷床のいちばん厚い場所は、東南極にある南極点付近だ。

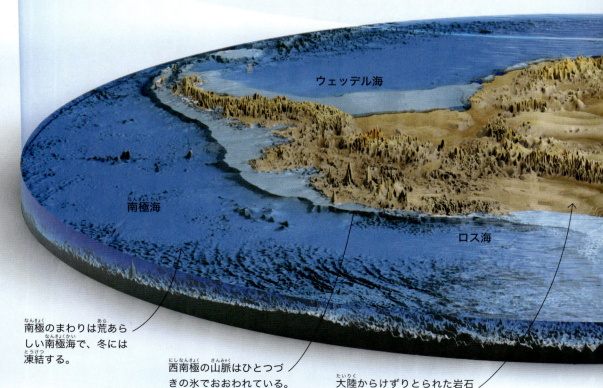

ロス棚氷もロンネ棚氷と同じで、海に浮かぶ広大な氷の板だ。ときどき大きなかたまりが割れて大陸からはなれ、巨大な氷山になる。

ここに浮かぶロンネ棚氷は、西南極氷床の一部がウェッデル海に流れでてきたものだ。

南アメリカ大陸の先端に向かうように南極半島がのびている。氷にとざされた山のまわりには岩だらけのツンドラが広がる。

ウェッデル海

南極海

ロス海

南極のまわりは荒あらしい南極海で、冬には凍結する。

西南極の山脈はひとつづきの氷でおおわれている。この氷の一部が海に流れでて棚氷を形づくる。

大陸からけずりとられた岩石は、氷の動きによって運ばれ、ロス海の底に積もっていく。

概要

- 場所：南極
- 面積：1400万km²
- 氷床の厚さ：平均1.9km
- 最高地点：4897m（南極半島のつけね近くに位置する山、ビンソンマッシーフ）

データ

一瞬で皮膚が凍りつくほどに気温が下がる南極大陸は、地球上でもっとも寒く、調査もなかなか進まない。また、大陸のなかでもっとも平均標高が高く、乾燥していて、風が強い大陸でもある。

気温
南極点の平均気温はマイナス49.5℃だ。
℃（セ氏）　-60　-45　-30　-15　0
℉（カ氏）　-76　-49　-22　5　32

氷床
南極大陸の約98％は氷でおおわれている。

南極点
大陸の中心付近にある南極点は、地球の最南端だ。

氷の海

毎年冬になると、南極大陸のまわりの海は凍ってしまう。一面に海氷が浮かぶ風景が広がり、面積は南極大陸そのものより広い。氷のほとんどは海流に流されてただよう流氷だが、それらがくっつきあって1枚の氷床のようになっている。

氷の広がり（冬）
南極大陸のまわりにできる海氷の面積は、冬には最大で1800万km²にもなる。南半球の冬が終わる9月に最大になる。

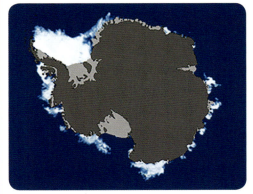

氷の広がり（夏）
春になると海氷はとけはじめ、2月後半には面積が300万km²まで小さくなる。夏の氷はほとんどが海流に乗って時計回りに移動し、ウェッデル海周辺に集まる。

南極横断山脈は南極大陸を南北につらぬいている。長さは地球上の山脈で5本の指に入る。

東南極氷床の厚さは、大陸の中心近くで4.8kmに達する。

厚い氷床におおわれているため、南極大陸の標高は高いところで4000m以上ある。

大陸を構成する岩盤のほとんどは、氷の重みで押さえつけられ、海面より下にある。

東南極は、西南極より標高が高くて寒い。

世界最大の氷床

氷が生んだ景観

そびえる棚氷

南極大陸をおおう広大な氷床が海上に流れでると、海に浮かぶ巨大な棚氷になる。なかでも最大のロス棚氷は、フランス本土と同じくらいの広さがある。棚氷の先端は600km以上も続く急ながけになっていて、高さはロス海の海面から最大で50mに達する。

"氷山がとけるときには、氷の中にとじこめられていた気泡(きほう)がパチパチと音を立ててはじける。"

氷山の頂上(ちょうじょう)
冷(つめ)たい南極海(なんきょくかい)の海面(かいめん)に、氷山の頂上(ちょうじょう)だけが顔(かお)を出している。アデリーペンギンの群(む)れにとって、天敵(てんてき)が近(ちか)づきづらい南極(なんきょく)の氷山は安全(あんぜん)な避難場所(ひなんばしょ)だ。

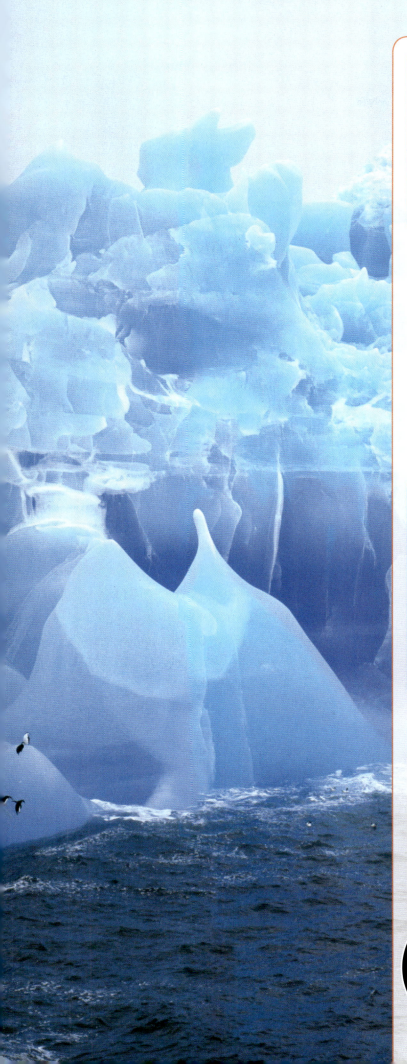

ただよう氷の島

氷山

　南極やグリーンランドでは、きびしい寒さのために氷河が凍ったまま海岸まで流れてきて海にあふれだすことがある。大陸から細長くのびて、まるで舌のような形に見えるので、「氷舌」とよばれる。氷舌が陸からはなれて海に落ちると、氷山になって海に流れでる。ごく小さなものが多いが、なかには浮かぶ島といえるほど巨大なものもあり、とけてなくなるまで何年も海上をただようことになる。1912年に起こった大型客船タイタニック号の沈没事故は氷山との衝突が原因だったように、航海する船にとって氷山はとても危険なものだ。

概要

- 場所：冷たい海
- 成りたち：氷河の一部が海に流れだした
- 大きさ：過去最大の氷山はベルギーよりも大きかったといわれる
- 寿命：最長5年

データ

氷山はグリーンランド近くの北大西洋と、南極大陸周辺の南極海で見られることが多い。

水面下の氷
氷山の体積の90％は海の下に隠れている。海上に出ているのはほんの10％だけ。

分離
グリーンランドからただよう大きな氷山の数は、多い年で5万といわれている。

温度
氷山の中心部の温度はマイナス20℃を下回る場合がある。

高さ
海面から最大 160m

氷が生んだ景観

きらきらと輝く霜の花園
フロストフラワー

冬の寒さがきびしいところでは、海や湖の水が冷たい空気で冷やされて表面に氷が張る。氷がまだうすい間は、空気中に水蒸気が立ちのぼる。水蒸気が氷のすぐ上で冷やされて凍ると、表面に氷の結晶ができる。このくりかえしで、氷の結晶はだんだん大きくなり、太陽の光を受けてかがやく霜の花「フロストフラワー」へと成長する。フロストフラワーができるのは、水より空気のほうがずっと冷たいときだけだ。そういうときは水蒸気が急速に冷え結晶ができる。氷が厚くなって水蒸気が立ちのぼらなくなると、フロストフラワーはできなくなる。

概要
- 場所：水に流れがなく、冬には凍るところ
- 成りたち：水蒸気が凍って氷の結晶ができる
- 霜の成分：湖のフロストフラワーは淡水で、海氷の上にできるフロストフラワーは塩辛い
- 寿命：多くは数日で消える

データ

フロストフラワーはうすい氷の上に成長するもので、分厚い氷の上にはできない。北極や南極では生まれたばかりの海氷の上に見られることがある。

気温
気温がマイナス15℃より低くないと、フロストフラワーはできない。

風の条件
風速も大切な条件で、時速18kmより下回っていなければならない。

大きさ
フロストフラワーはとてもデリケートで、成長してもせいぜい5cmまでだ。

微生物
1つのフロストフラワーには約100万のバクテリアがいる。

氷が生んだ景観

湖に咲く花

　カナダ西部にあるルイーズ湖。氷が張ったばかりの湖面に冷たい空気が静かにおりてくると、いまにもこわれそうなフロストフラワーが一面に咲く。

世界一深く、世界一古い湖

ひびわれる氷

晴れた空に尾をひく飛行機雲のように、バイカル湖の湖面を長いひびわれが何本も走っている。氷の厚さは約2mもあり、いつもどこかで、銃をうったときのような音を立てて氷が割れている。

分厚い氷の湖
バイカル湖

アジア大陸はモンゴルのすぐ北で引きさかれ、巨大な割れ目ができている。深さが8km以上ある割れ目に堆積物や水がたまって、世界でもっとも深い湖が生まれた。シベリアの冬は骨も凍るほどきびしく、すきとおった湖水はほぼひと晩で表面が凍り、ガラスのように透明な分厚い氷の板ができる。短時間で凍るため、湖面にできる波もそのままの形で凍りついている。温度が変化すると、氷にひびが入ったり割れたりして、あちこちでブロック状に湖面が盛りあがる。冷たい冬の光が反射して、湖は青く輝く。

概要

- 場所：ロシアの南シベリア
- 全長：636km
- 面積：3万1500km²
- 最大の深さ：湖面から1642m

データ

バイカル湖ができたのは、約2500万年前。地殻が引きさかれて深い谷ができ、そこに水がたまってできた。

容積
バイカル湖の水量は、北アメリカの五大湖を合わせた水量より多い。

淡水
世界の凍っていない淡水の約20%がバイカル湖に集まっている。

広がる割れ目
割れ目は1年に約3cmずつ広がりつづけている。

	cm	2	4	6	8
	インチ	1	2	3	

気温
この地域の平均気温は、冬はマイナス21℃、夏は11℃だ。

℃(セ氏)	-20	-10	0	10	20
°F(カ氏)	-4	14	32	50	68

湖底の堆積物
最大で7kmの厚さ

氷が生んだ景観

第5章

水がつくる世界

地球には、水の力でつくられた
地形があちこちにあります。
水は山や丘(おか)を流れていくうちに
大きな川になったり、滝(たき)になって落ちたりします。
流れる水は山を平らにしたり、
深い谷をけずったり、砂(すな)や泥(どろ)を運んで
下流に新しい土地をつくったりします。

壮大な滝

ビクトリア滝

アフリカ南部の中心には、ビクトリア滝がある。大河ザンベジ川が深い谷に落ちこむところにできた、世界でも指おりの巨大な滝だ。ザンベジ川がジグザグに曲がりくねって南に流れていく途中にはこのような谷が6か所あるが、ここはその最初の谷である。谷がけずられたあとにはかたい玄武岩の一枚岩があらわれ、これが滝のふちになっている。雨季には、ごう音を上げてうずを巻く大量の水が滝の幅いっぱいに流れ、水しぶきが高く上がって滝そのものが見えなくなるほどだ。

概要

- 場所：ザンビアとジンバブエの国境
- 落差：108m
- 幅：1708m
- 平均の流量：毎秒 1088m³

データ

最小の流量 毎秒 300m³

1855年、スコットランドの探検家デイビッド・リビングストンによって名づけられた。

最大の流量 毎秒 1万2800m³

雨季の水量
2秒ごとに、オリンピックの水泳競技に使われるプール1杯分の水が流れおちる。

大きさ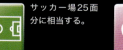
サッカー場25面分に相当する。

水しぶき
高く上がる水しぶきは、48kmはなれたところからも見える。

女王の名前
イギリスのビクトリア女王にちなんで名づけられた。

世界最大級の滝

ごう音とどろく水しぶき

ビクトリア滝から立ちのぼる水しぶきによって、虹がかかっている。現地でのよび名は「モーシオワトゥーニャ」（「雷鳴のとどろく水けむり」の意味）。この水けむりはときには400m上空までふきあげられる。

巨大な洞くつ
ソンドン洞

ベトナムにあるソンドン洞は世界最大級の洞くつだ。なんと40階建ての高層ビルがすっぽり入るほど大きい。ジャングルの奥深くにあるこの洞くつが発見されたのは、1991年のこと。酸をふくんだ雨水が石灰岩の地層にしみこみ、岩石をゆっくりとかして、これだけの洞くつをつくりあげたのだ。天井から水がしたたっているところでは、水にとけた鉱物がふたたび固まって石灰岩になり、みごとな石筍や鍾乳石、洞くつの一端をほぼふさいでいる高さ約60mの壁を形づくっている。洞くつには、天井がくずれてできた直径100mほどの大きな穴（ドリーネ）がある。そこから光がさしこむので、さまざまな生き物が生息できる。

概要
- 場所：ベトナムのクアンビン省
- 全長：主洞くつの長さは9km以上
- 幅：最大150m
- 高さ：最大200m以上

データ

石灰岩の洞くつは世界中にある。毎年多くの洞くつが調査されているので、より大きな洞くつがそのうち発見されるかもしれない。

空洞の大きさ
主洞はジャンボジェット機（ボーイング747型機）が入るほど大きい。

樹木
とくに大きな2つの空洞には、高さ約30mの木が生えている。

石筍
現在世界一の高さ約70mの石筍（タケノコのようにのびた石）がある。

網の目のような洞くつ
洞くつには、全部で150以上の空洞があると考えられている。

洞くつの形成年代
約500万年前

世界最大級の空洞をもつ洞くつ

スーパーサイズ

洞くつ探検家のすがたがごく小さく見えることから、この洞くつがどれほど大きいかがわかる。天井の一部がくずれてできた巨大な穴からは日光がさしこみ、穴のなかには熱帯の森がある。

世界最大の川

概要

- 全長：6500km以上
- 幅：本流の川幅は最大40km
- 平均の流量：毎秒20万9000m³
- 水源：ペルー領アンデス山脈

堂どうたる大河

アマゾン盆地を流れる川のまわりには、熱帯の密林が広がっている。水量は年間で大きく変わり、雨季になると川の水位が9m以上も上がって、この森の少なくとも24万km²が水につかる。

熱帯雨林を流れる大河

アマゾン川

　大河アマゾンは、アンデス山脈から大西洋まで、南アメリカ大陸を横断して流れている。オーストラリアほどの広大な土地を流れる1100本以上の支流から水を集め、世界一の水量を大西洋にはきだしている。流域には世界最大の熱帯雨林が広がる。世界のどの場所よりも多様な動植物が生息する野生生物の楽園だ。川のなかにも、カワイルカから大食漢のピラニアまで、さまざまな生き物がくらしている。

データ

アマゾン川の流域面積は世界最大で、南アメリカ大陸の40%を占める。大西洋に、世界中の川の5分の1にあたる量の水が流れでている。

記録やぶり
世界最大の流域面積をもつ川というだけでなく、川幅も世界一だ。

深さ
水深が100mに達するところもある。

水量
雨季には、毎秒30万m³の水が流れる。

m³　　200000　　300000　　400000
100万立方フィート　　7　　11

川の形成年代
約 1100 万年前

125

水がつくる世界

輝く塩湖

死海

もっとも深い塩湖

地中海の東岸から少し内陸に入ったところに深いくぼ地がある。ここは陸上では世界でいちばん低い場所で、死海とよばれる塩湖になっている。暑くて乾燥した気候のため、死海に流れこむ川の水は蒸発してしまい、湖から流れでる川はない。水分が水蒸気になって蒸発すると、あとには塩の成分が残される。これを何千年もくりかえすうちに、塩分がたまり、死海は世界でもとくに塩辛い湖になった。「死海」とよばれるのは、塩分を好む特殊な微生物以外は生きられないからだ。

概要

- 場所：ヨルダン渓谷（ヨルダン、イスラエル、パレスチナの境界）
- 全長：約 50km
- 幅：約 15km
- 深さ：約 304m

データ

死海は2つのプレートを分断する巨大断層によってできた深い谷にある。

小さくなる湖
湖に流れこむ川の水量が減っているため、毎年のように水位が下がっている。

塩分
死海の水には海水の約10倍の塩分がふくまれている。

気温
1年の半分は、平均気温が30℃をこえる。

濃い塩水
塩分がとても多いため、死海では人間の体が簡単に浮いてしまう。

湖面の高さ

海面より **430m** も低い

結晶が積もる岸

死海の水は塩分がとても多く、岸辺はもちろん浅瀬にも塩の結晶ができる。死海の湖水にふくまれる成分は、海水とはちがう。湖水からは、カリウム、臭素なども生産されている。

虹のように輝く川

キャノクリスタレス川

　コロンビア中部にあるキャノクリスタレス川は、世界一美しい川とよばれている。水がきれいなことで知られるが、それよりも有名なのが川のなかに生える水草だ。ふだんはほとんど目立たないが、1年のうち数か月だけ、水がちょうどよい深さになると、マカレニア・クラビヘラという名前のめずらしい水草があざやかな赤い色に変わるのだ。緑の水草、青い水、黄色い砂に映えるあざやかな色彩は、目がくらむほど美しい。

概要

- 場所：コロンビアのシエラデラマカレナ国立自然公園
- いちばん近い都市：ボゴタ
- 川の長さ：約100km
- 時期：この現象は8〜11月に見られる

データ

さまざまな色に染まるキャノクリスタレス川は、「五色の川」や「流れる虹」ともよばれる。川の流れは速く、あちこちに早瀬や滝がある。

めずらしい植物
赤い水草マカレニア・クラビヘラが見られるのは、世界中でここだけだ。

川にすむ生き物
キャノクリスタレス川には魚はいない。水があまりにもきれいで食物となるものが少ないからだ。

水草の大きさ
マカレニア・クラビヘラ1本の高さは約5cmだ。

水がつくる世界

世界でいちばん美しい川

岩の上を流れる川
赤い水草は川底（かわそこ）にできる穴（あな）をおおうように広がっている。川底（かわそこ）の岩にはところどころ空洞（くうどう）がある。流れてきた石がこの空洞（くうどう）に落ちると、急流にもまれてそのなかでぐるぐると回転する。そうして岩をけずり、深い穴（あな）をつくるのだ。

神秘的な水たまり

源泉からわきでたミネラルをたくさんふくむお湯は、トラバーチンのテラスを流れおちるうちに冷めて、多くのトラバーチンを沈殿させる。テラスの多くには、温かいお湯が浅くたまっている。

青い段丘
パムッカレ

　トルコ西部の山岳地帯の地下深くにあるマグマの地熱によって、デニズリ市の近くにあるパムッカレでは、温泉がふきだしている。お湯には、地中の石灰岩からとけだした炭酸カルシウムの成分が豊富にふくまれている。熱湯が地上にふきだすと、炭酸カルシウムが沈殿してトラバーチン（石灰華）になる。そして数千年かけて、みごとなトラバーチンのテラスができあがった。テラスは斜面を段だんに下っていて、まるで凍っているように見える段にはそれぞれ水がたまっている。この水は氷のように冷たいかと思えば、じつはやけどするほど熱く、ローマ時代から入浴に使われてきた。

概要

- 場所：トルコのデニズリ市
- テラスの全体の高さ：約200m
- 全長：約4km
- 登録：世界遺産に登録

データ

17
温泉の数
ローマ帝国の温泉保養地、ヒエラポリスの遺跡がある。

源泉からの距離
テラスまで **320m**

綿の宮殿
パムッカレはトルコ語で「綿の宮殿」という意味。テラスの外観を綿に見立てている。

古代都市
古代都市ヒエラポリスは、1354年に起きた地震で破壊された。

温度
お湯の温度は35〜100℃までさまざまだ。

℃（セ氏）　30　60　90　120
℉（カ氏）　　　100　　200

水がつくる世界

生きている岩石
グレートバリアリーフ

　地球上でもっとも印象的な岩石は、生物活動によってつくられたオーストラリアのグレートバリアリーフだろう。長い年月をかけ、熱帯のサンゴは海水からミネラルを吸収し、石灰質の骨格をつくりあげてきた。オーストラリアの北東海岸一帯には、こうしたサンゴ礁が大規模に形成されている。

熱帯の外洋にすむ生き物は、サンゴ礁に比べてはるかに少ない。サンゴ礁は、地球上でもとくに多くの生き物がすむ環境である。

ハコクラゲはサンゴ礁周辺をただよい、触手で獲物をしびれさせる。

きらめく海

　サンゴは動物の一種で、体内に藻類の一種を共生させている。これらの藻類は日光からエネルギーを取りいれて、サンゴが生きるのに必要な栄養分をつくりだす。つまりサンゴ礁は、透明で太陽の光が届く海でしか成長できない。グレートバリアリーフは、オーストラリアの大陸棚に広がる浅い海にある。ここではおどろくほど多様な海の生き物がくらしている。

概要

- **場所**：オーストラリアのクイーンズランド州にある珊瑚海沿岸
- **種類**：熱帯のサンゴ礁
- **面積**：約35万km²
- **形成年代**：サンゴ礁が成長しはじめたのが約2500万年前

サンゴ礁のふちには、このイタチザメのような狂暴な肉食魚がうろついている。

データ

グレートバリアリーフは3000ほどのサンゴ礁の集合体で、イタリアほどの広さがある。ここでは、地球上のどこよりも多くの種類の生物を見ることができる。

 水温
サンゴは、水温が20〜29℃の場所でしか育つことができない。

 広さ
グレートバリアリーフは2300km以上の長さにわたって広がっている。

 島
オーストラリア本土からサンゴ礁の間に、900以上の島がある。

 サンゴ礁の生き物
400種以上のサンゴがいて、1500種以上もの魚がくらしている。

世界有数の豊かな生物環境

サンゴ礁の絶景

グレートバリアリーフでは、たくさんの小規模なサンゴ礁がたがいにつながって複雑な網目模様を描き、その間に砂でできた浅い礁湖がところどころにある。サンゴでできた白く輝く礁湖の砂は、熱帯の透明な海の水を通すと青緑色に輝く。サンゴ礁のふちの向こうには、紺碧の太平洋が広がっている。

宇宙からのながめ
　デルタ地帯を流れるガンジス川の河口を写した衛星画像。濃い緑はスンダルバン地区のマングローブ林で、うすい緑の耕作地とのちがいがよくわかる。しばしばサイクロンによる高潮の被害もある。

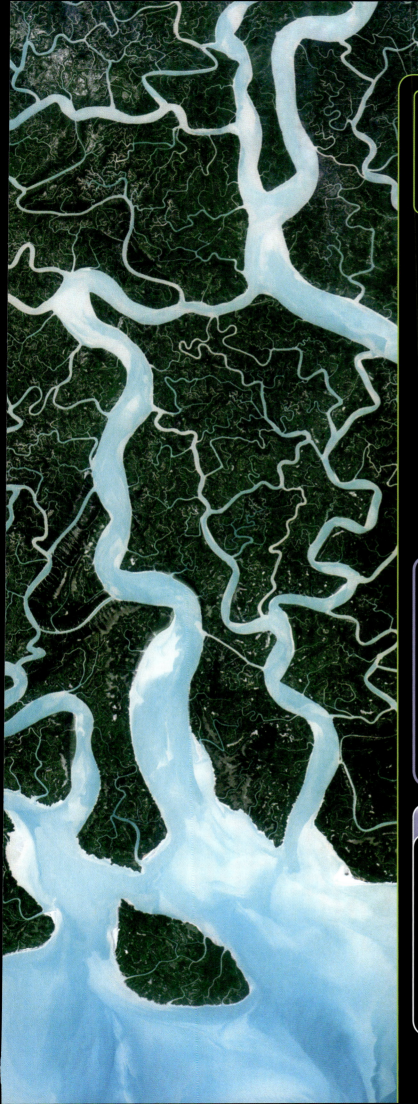

広大な湿地帯
ガンジスデルタ

　ガンジス川とブラマプトラ川は、ともにヒマラヤ山脈から流れだし、山から大量の泥を運んでインド洋まで下っていく。2つの川はベンガル湾で海に出るが、塩水の働きで泥の粒子がたがいにくっついて大きくなり、海底に積もって厚い層をつくる。こうして河口にはデルタとよばれる低湿地ができあがる。その上を流れる川は、デルタ上を複雑な網目状に流れ、両岸には深い森やマングローブの林が生いしげるようになる。あまり人の手が入っていない部分はスンダルバンとよばれて、トラをはじめとする野生動物の楽園になっている。しかし土のなかに栄養分が豊富にあるので、農地に利用されるようになった部分も多い。

概要

- **場所**：インド、バングラデシュのベンガル湾の北の端
- **最大幅**：約354km
- **面積**：10万5000km² 以上
- **堆積物の厚さ**：約16km

データ

ガンジスデルタはベンガル湾の海底まで広がり、海のなかにも広大な扇状地がある。デルタと扇状地に積もった堆積物の重みで、地殻がゆがむほどだ。

堆積物
ガンジス川は、毎年20億トンの堆積物を海まで運んでいる。

ベンガルトラ
スンダルバンのマングローブ林に約1000頭が生息している。

人口密度
ガンジスデルタには1億4300万の人びとがすみ、世界でもとくに人口密度が高い地域である。

デルタの拡大
デルタは4000万年で400km、海側に広がってきた。

水がつくる世界

世界一の落差をほこる滝

長い間未知だった絶景
人のすむ場所から遠くはなれているため、このすばらしい滝が広く知られるようになったのは、1933年にアメリカ人パイロット、ジミー・エンジェルが空から確認してからである。

青空から落ちる

アンヘル滝

　ベネズエラのグランサバナ地方には、頂上が平らな山やまが点在する印象的な風景が広がっている。これらの山はテプイとよばれていて、アウヤンテプイ（「悪魔の山」という意味）はそのなかでも最大級だ。熱帯に降る雨が川となり、アウヤンテプイの急ながけを滝となって流れおちている。この滝は、1本の連続した滝としては世界一落差が大きく、アンヘル滝、またの名をエンジェルフォールとよばれる。見ごたえのあるこの滝はあまりにも高いところから落ちてくるため、ふもとの密林に達するはるか前に、水の大部分が細かい霧になってふきとばされる。

概要

- 場所：ベネズエラ南東部
- 全体の落差：979m
- 最下部の幅：約150m

データ

アンヘル滝は雄大なカナイマ国立公園のなかにある。公園の面積の60％以上を占めるテプイは最大の見どころで、アンヘル滝も壮大な景観の一部になっている。

記録やぶり
アンヘル滝の高さは、アメリカのエンパイアステートビルの2倍以上もある。

現地の名前
「ケレパクパイベナ」とよばれる。「もっとも奥深い地にある滝」という意味だ。

全体の落差

下のほうは階段状になっていたり早瀬があったりするが、それもふくめた全体の落差は979mで、世界一だ。

水がつくる世界

139

世界最大規模の海中ドリーネ

海底の青く深い穴

グレートブルーホール

カリブ海のサンゴ礁、ライトハウスリーフ中央部の海底には、きれいな円形の深くて暗い穴があいている。いちばん最近の氷期の、海面が今よりずっと低く、まわりの石灰岩が地表に出ていたころにできたものだ。石灰岩に雨水がしみこみ洞くつが形づくられると、あるとき洞くつの天井がくずれて円形のドリーネ（くぼ地）ができた。氷期が終わって海面が上昇すると、くぼ地に海水が流れこみ、グレートブルーホールになった。

概要

- 場所：カリブ海西部（ベリーズの中心から東へ80km）
- 成りたち：石灰岩のドリーネに海水が流れこんでできた
- 形成年代：1万5000年以上前
- 登録：ベリーズ珊瑚礁保護区の一部、世界遺産に登録

データ

約300m 直径

グレートブルーホールはスキューバダイビングの名所として世界的に有名だ。

約125m 深さ

ドリーネの洞くつ
陸上の石灰岩洞くつと同じで、穴のなかには鍾乳石や石筍が見られる。

調査
フランスの海洋学者ジャック・クストーが、1972年に初めて調査した。

水温
いちばんあたたかい時期の水温は約29℃。

水がつくる世界

140

濃いブルー

グレートブルーホールの濃い青色は、周囲に広がる浅いサンゴ礁の青緑色と対照的だ。海面のはるか下にある穴の壁には、水をたたえた石灰岩の洞くつが口をあけている。

強アルカリ性の湖
ナトロン湖

　ナトロン湖は、野生生物が生きるにはもっともきびしい環境といえるだろう。アフリカ大地溝帯にあり、焼けつくような暑さだ。湖に流れこむ川の水は暑さでどんどん蒸発していくため鉱物がたまり、残った水はとても塩辛い。火山性の温泉からもさまざまな物質がとけこみ、湖水は塩とナトリウム化合物が混じりあった強アルカリ性になる。これは酸と同じで、人間が触れるとやけどしてしまう。ところがこんなところに繁殖する生き物がいる。なかでもスピルリナという微生物は大量発生する。コフラミンゴはスピルリナが好物で、群れで飛来しては、特殊なくちばしでスピルリナだけをこしとって食べる。大量に食べるため、コフラミンゴの羽はピンク色に染まる。

概要
- 場所：タンザニアの東リフトバレー
- 全長：57km
- 幅：22km
- 湖が赤くなる時期：6〜10月の乾季の時期

データ

湖の水が蒸発したあとに残される炭酸塩鉱物「ナトロン」が、湖の名前になった。

アルカリ性の湖
pHの値は約12で、油よごれを落とす洗剤と同じぐらい強いアルカリ性だ。

模様
塩類の堆積物で、湖面には複雑な模様ができる。

水温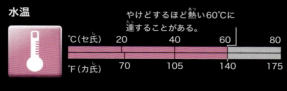
やけどするほど熱い60℃に達することがある。

水深 約3m

水がつくる世界

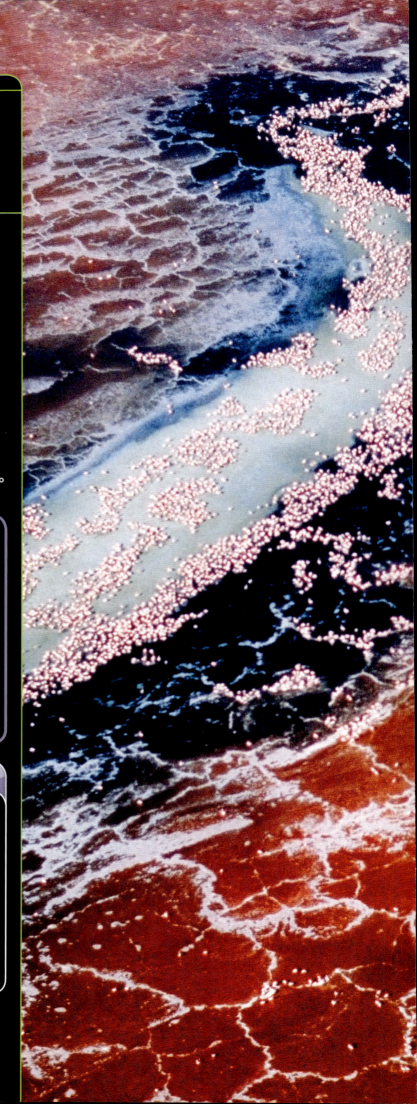

生物にとって過酷な湖

赤い島

ナトリウム化合物がたまっているナトロン湖で、数千羽のコフラミンゴがスピルリナを食べている。コフラミンゴの脚はうろこにおおわれているため、強アルカリ性の湖にも入ることができる。ナトリウム化合物のおかげで天敵が来ないため、アフリカではナトロン湖がコフラミンゴの最大の繁殖地になっている。

第6章

激しい気象現象

激しい暴風雨ほど、自然の力を
まざまざと見せつけるものは
あまりないでしょう。ハリケーンや竜巻の
破壊力がおそろしいのはもちろんですが、
たったひとつの巨大な雲から町全体が
水浸しになるほどの雨が降ることも
あるのです。

電撃のこわさ
激しい雷雨

　地面が温められ蒸発した水分が、大きな雷雲になることがある。しめった空気が温められて上昇し、上空で冷えて氷の結晶になる。氷の結晶は、雲のなかで上下に移動して激しくぶつかりあう。このために雲のなかでは静電気が起こり、雲は巨大なバッテリーのようにどんどん電気をためこむ。やがて電気をためこみすぎると、弱い放電が稲光となって地上におりてくる。それが地表に達すると、今度は地表から強い放電が同じ道筋をたどって上昇し、はるかに明るい光を放つ。このとき、大きな雷鳴がとどろく。

積乱雲

雲は空中でいろいろな高さに浮かんでいるが、ひとつひとつの雲がそれほど厚いわけではない。しかし、嵐を起こす積乱雲だけは、地表近くから成層圏にかけて、最大16kmもの厚さまで発達することがある。この厚さになると、雲はそれ以上成長することができない。すると雲は横に広がりはじめ、雷雲によくある、てっぺんが平らな形になる。積乱雲は、雷雲や入道雲ともよばれる。

データ

雷雨は地球上のどこでも起こるが、とくに熱帯ではよく発生する。比較的すずしい地域では夏に発生することが多いが、これは、あたたかい空気によって積乱雲が発生しやすくなるためだ。

電圧
積乱雲のなかの電圧は1億ボルトをこえることがある。

発生の回数
地球上では、いつでも、ほぼ2000か所で同時に雷雨が発生している。

熱くなる大気
稲光の通り道では、大気が約3万℃にまで熱せられる。

積乱雲
ひとつの雲から引きおこされる雷雨は、多くの場合、せいぜい30分しか続かない。

稲光の速さ
時速 35万5000km

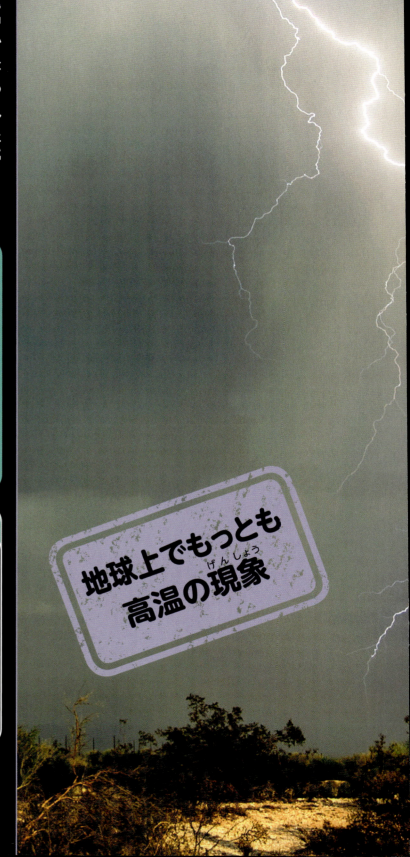

地球上でもっとも高温の現象

空をきりさく落雷

アメリカ・アリゾナ州の砂漠に稲妻が走る。同時に、雨雲の間からさしこむ日光で虹ができている。落雷によって発生した膨大な熱によって、乾燥した地域では簡単に森林火災が起こる。

火山雷

火山が噴火して、火山灰や水蒸気がふきだすとき、粒子と粒子がこすれあって電気が発生する。積乱雲のなかで氷の結晶がこすれあうのと同じ現象だ。このときたまった電気が放出され、稲妻が発生することもある。これを「火山雷」とよぶ。写真は鹿児島県の桜島が噴火したときに見られた火山雷のようすだ。

嵐の前ぶれ
スーパーセル

　積乱雲のなかでも、とくに規模が大きくて強力なものを「スーパーセル」とよぶ。地上から上昇するあたたかいしめった空気が上空の風とぶつかり、うずまき状の上昇気流「メソサイクロン」が発生する。しめった空気が上昇して冷やされると、水蒸気が凝結して回転する巨大な雲となり、さらに上空高く立ちのぼる。これがスーパーセルだ。滝のような雨や、ときには大粒のひょうが降りそそぐ。ひょうはガラスを割り、人に大けがを負わせることもある。スーパーセルからは、ときに大きな破壊力をもつ竜巻が発生する。

巨大なひょう

積乱雲を生むような強い上昇気流のなかでは、氷の結晶が上下方向に激しくかきまわされ、だんだん粒が大きくなってひょうができる。スーパーセルの場合は上昇気流が非常に強いため、人のこぶしほどのとても大きなひょうができることがある。かたくて重いひょうは、高速で地上に落下してくだける。たいへん危険な落下物だ。

データ

うずを巻く巨大なスーパーセルはとくに北アメリカでよく見られるが、世界のどこでも発生する可能性がある。

スーパーセル
スーパーセルの高さは、15kmをこえることがある。

ひょう
ひょうは、大きなものでは、直径20cm、重さ1kgにもなる。

風速
スーパーセルから地上にふきつける強風は、最大風速で時速148kmを観測したこともある。

時速(km)	112	130	148	166
時速(マイル)	68	80	92	104

直径
約40km

激しい気象現象

150

ぶきみな雲

アメリカ・モンタナ州の大草原をおおうスーパーセルから、大量の雨とひょうが降りそそぐ。スーパーセルによる嵐は、アメリカ中西部の草原地帯ではよく見られる現象だ。

おそろしくうずまく風

竜巻

　スーパーセル（→150ページ）から竜巻が起こることがある。気象現象のなかでおそろしいもののひとつが、この竜巻だ。竜巻は、積乱雲の下から地上まで細長くのびる、激しい空気のうずだ。うずの力がせまい場所に集中するので、信じられないほど強い風がふく。竜巻の中心付近は猛烈な上昇気流になっていて、巨大な掃除機のホースのように、ほこりやちりを吸いあげて上空で巻きちらす。強烈な竜巻になると、家をバラバラにこわしたり、重量級のトラックを引っくりかえしたり、列車を脱線させたりする。これほどの竜巻に人間が巻きこまれたら、助かることはむずかしい。

竜巻の通り道

竜巻の被害は、竜巻が通ったごくせまい地域にかぎられ、それが長い一筋の道のようになる。この写真は、2013年にアメリカのイリノイ州で発生した竜巻のあとだ。竜巻の通り道に建っていた家はすっかりこわれてしまっているが、その両側の地域はまったく被害を受けていないことがわかる。

データ

竜巻は世界中で発生するが、もっともよく発生するのがアメリカ中西部の草原地帯だ。水上で発生する竜巻は「ウォータースパウト（水上竜巻）」とよばれる。

回転力
うずを巻く風は通り道にあるものを何でも吸いあげ、数kmもはなれた場所まで飛ばしてしまう。

竜巻街道
アメリカで発生する毎年約1200もの竜巻の多くが、「竜巻街道」とよばれる地域に集中している。

風速
竜巻の風速は時速500km以上になることがある。

おそいかかる破壊者
　この写真に写っている竜巻は、2015年6月にアメリカ・コロラド州の草原で発生したものだ。この日は、少なくとも合わせて14個の竜巻が発生した。茶色い土とほこりが空に向かって舞いあがっているが、農場の建物は無事だった。

大地に衝突する風雨
ダウンバースト

あたたかくしめった空気が急上昇することによって、巨大な積乱雲ができる。雲の中心部分をあたたかい空気が上昇する一方で、上昇気流が起こらないそのまわりでは、冷たい空気がしずんでいく。しずんでいく空気は雨とひょうでいっそう冷やされ、さらに重くなる。するとどんどん勢いがついて、なだれのように空から雨や空気がふきおろされる。これが、「ダウンバースト」とよばれる現象だ。この下降気流が地面に勢いよくぶつかると、衝突した地点から冷たい空気が高速で四方に伝わる。これが猛烈な風になって、重大な被害をもたらすことがある。ときには竜巻とまちがわれるほどの激しさだ。

鉄砲水

巨大な積乱雲から滝のように降る豪雨によって、川の堤防がこわれることがある。水は道路にあふれ、急流となって町に押しよせる。このような鉄砲水は、橋を流したり、建物や車をこわしたりして、何百人もの人が家を失うことにもなる。

データ

ダウンバーストは、冷たい空気が急降下することによって発生する。地面にたたきつけられた冷たい空気は外側に向かって風を巻きおこす。竜巻とは反対の動きだが、破壊力は竜巻と同じように大きい。

寿命
ダウンバーストは、数秒から数分で消える。

豪雨
大きな積乱雲からは、27万5000トンもの水が豪雨となり降りそそぐ。

風速
ダウンバーストによって起こる風速は、時速270kmをこえることもある。

時速(km)	170	220	270	320
時速(マイル)	110	140	170	200

直径 約4km

激しい気象現象

想像をこえるどしゃぶり

アメリカ・アリゾナ州のフェニックスで発生した大規模なダウンバースト。冷たい空気が雨やひょうといっしょに地上に激しくぶつかる。同じようなダウンバーストが空港で発生し、着陸しようとしていた航空機の墜落事故につながったことがある。

荒れくるう嵐

ハリケーン(台風)

赤道に近い熱帯地方では、強烈な日ざしで熱くなった海の上空に、「ハリケーン」とよばれる巨大な嵐が発生することがある。海から立ちのぼる、あたたかくしめった空気が大きなハリケーンになるのだ。らせん状に回転するハリケーンでは、中心近くの上昇気流がまわりの空気を引きこみ、強風と大しけを発生させる。

嵐の中心

ハリケーンのなかに引きこまれた空気は中心に近づくほど動きが速くなる。ところが「目」とよばれる中心部はふしぎなほど静かだ。一方、あたたかい海から立ちのぼる湿気は高くそびえる雲の壁をつくる。壁は「目」の周囲でいちだんと高くなる（「アイウォール」とよばれる）。このアイウォールのてっぺんからは、うすい雲がまわりにあふれだし、真下の海に大量の雨を降らせる。

地球最大規模の暴風雨

高いところの雲は、低空にある雲のうずとは反対方向に流れだす。

流れでた空気は、冷たくてうすい、すじ雲となって広がる。

ハリケーンの最上部まで上昇した空気は外側に流れていく。

ハリケーンが発生するには、60m以上の水深が必要だ。

ハリケーンの中心に向かってうずを巻いて流れこむ空気は、熱帯の海で温められて上昇し、らせん状の雨雲の帯になる。

データ

ハリケーンは熱帯地方の大西洋と北東太平洋で生まれる。同じしくみで起こる嵐でも、北インド洋で発生するものはサイクロン、北西太平洋と南シナ海で発生するものは台風とよぶ。

風速
時速346kmもの速さの風がふいた記録もある。建物をこわすほど強い風だ。

ハリケーンの大きさ
最大で直径2220kmにもなる。これはアメリカの横断距離の半分近い大きさだ。

高潮
ハリケーンでは、通常の海水面より8m以上高い高潮が起きたことがある。

寿命
ハリケーンの海上での寿命は最大1か月で、時速24kmほどの比較的ゆっくりしたスピードで進む。

ハリケーンの年間発生数: 世界中でおよそ **85**

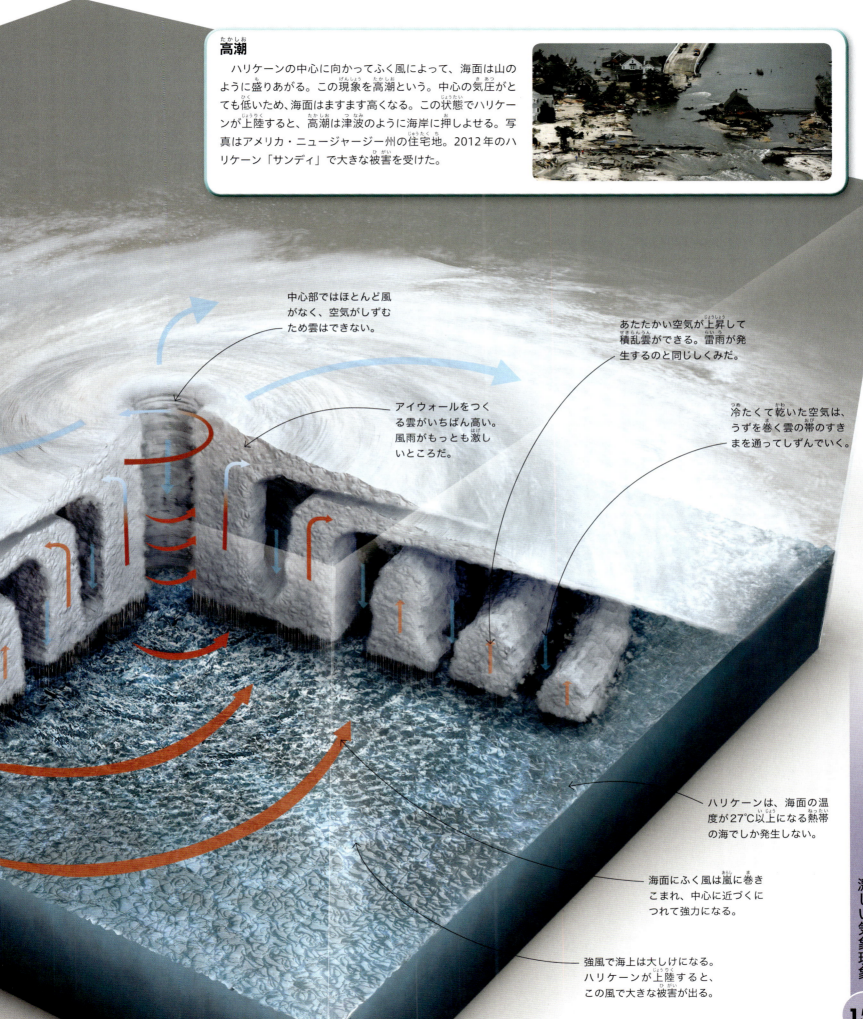

高潮

ハリケーンの中心に向かってふく風によって、海面は山のように盛りあがる。この現象を高潮という。中心の気圧がとても低いため、海面はますます高くなる。この状態でハリケーンが上陸すると、高潮は津波のように海岸に押しよせる。写真はアメリカ・ニュージャージー州の住宅地。2012年のハリケーン「サンディ」で大きな被害を受けた。

中心部ではほとんど風がなく、空気がしずむため雲はできない。

あたたかい空気が上昇して積乱雲ができる。雷雨が発生するのと同じしくみだ。

アイウォールをつくる雲がいちばん高い。風雨がもっとも激しいところだ。

冷たくて乾いた空気は、うずを巻く雲の帯のすきまを通ってしずんでいく。

ハリケーンは、海面の温度が27℃以上になる熱帯の海でしか発生しない。

海面にふく風は嵐に巻きこまれ、中心に近づくにつれて強力になる。

強風で海上は大しけになる。ハリケーンが上陸すると、この風で大きな被害が出る。

激しい気象現象

ハリケーン「マシュー」

これは、気象衛星がとらえた2016年10月初めのハリケーン「マシュー」の画像だ。マシューはカテゴリー5という最大規模のハリケーン。うずを巻く分厚い雨雲の中心に「目」が見えている。10月4日、マシューは北へ向かいハイチ島に上陸、死者の数が約1600人にものぼる大きな被害を与えた。このあとマシューは、アメリカ南東部にも大きな被害をもたらした。

一瞬で凍りつく水

氷の嵐（雨氷）

空気中の水分は普通0℃で凍るが、氷ができるときには核になるものが必要になる。小さなほこりの粒子に水滴がついて雪になるのと同じことだ。そのため、核になるものがないところでは、空中の水分が0℃をかなり下回っても凍らないことがある。こうして0℃以下に過冷却された水分は、冷たいものに触れると一瞬のうちに凍りつき、厚い氷の層をつくる。これが「雨氷」で、樹木や建物や車までもおおいかくし、厚い氷の重みで押しつぶすことさえある。激しい暴風雨をともなうハリケーンよりも大きな被害をおよぼすこともあるのだ。

氷のかたまり

2005年、スイスのレマン湖畔に駐車していた車が氷にのみこまれた。冷たい風にふかれて過冷却された湖の水が飛びちったのが原因だ。氷の嵐は、雨粒によっても起こる。過冷却された雨粒が、冷たくなった固体に触れて凍りつき、雨氷ができたのだ。

データ

氷の嵐は、だいたい夜にひっそりとやってくる。氷は時間をかけて厚みを増し、そのせいで町全体が何週間もまひ状態になることもある。

氷の災害　雨氷は数時間でできあがり、樹木や車を氷の像に変えてしまう。

電力供給　1998年にカナダをおそった雨氷によって、300万人が最大6週間、電気のない生活を強いられた。

氷の成長　雨氷でできる氷の厚さは、最大20cmにもなる。

cm　5　10　15　20
インチ　2　4　6　8

氷の家

2014年の冬、アメリカのミシガン湖からふきつける過冷却された水しぶきで灯台が凍りつき、信じられないすがたになった。水は凍る前にしずくになってしたたりおちることも多く、その場合はみごとなつららができる。

激しい気象現象

立ちのぼる炎

炎の竜巻（ファイアデビル）

　暑くて乾燥した地域で発生した林野火災が広い範囲に燃えひろがると、猛烈な熱で強い上昇気流が発生し、周辺の空気を吸いこむ。空気中の酸素を取りいれて火はますます燃えさかり、さらに空気を吸いこむ。やがて炎はうずを巻いて細長く立ちのぼる。これが「炎の竜巻（ファイアデビル）」とよばれる現象だ。竜巻に比べると規模は小さいが、同じように通り道にあるものを破壊し、燃えかすを広い範囲に巻きちらす。別の場所に飛び火して火災を広げたり、別のファイアデビルを発生させたりもする。

火災旋風

大規模な林野火災からは強い上昇気流が生まれ、煙と水蒸気で、火災積雲という巨大な雲が発生する。この雲が回転を始めると、スーパーセル（→150ページ）になり、さらに発達して竜巻になることもある。「火災旋風（ファイアストーム）」は、超大型のファイアデビルと同じように、通り道にあるものすべてを焼きつくす。

データ

ほとんどのファイアデビルは小規模でかぎられた地域にとどまり、数分で消える。破壊的な火災旋風や竜巻に変わる巨大なファイアデビルは、本当に大規模な火災でしか発生しない。

高さ
2〜10mの高さになることが多い。

命をうばった炎の竜巻
1923年の関東大震災の際に東京で起こった炎の竜巻では、15分で3万8000人が犠牲になった。

温度
ファイアデビル内部の温度は1000℃を上回る。
℃（セ氏）　　500　　1000
℉（カ氏）　　1000　　2000

激しい気象現象

162

空にかかる炎の帯

2016年、アメリカのカリフォルニア州南部で発生した森林火災からファイアデビルが立ちのぼった。この火災では150km²以上が焼け、100軒以上の家屋が焼失した。

エネルギー全開
　緑色に輝くベールは、電気を帯びた大気中の粒子が地上約200kmの高さで酸素と衝突し、エネルギーを与えられて生まれる。濃い赤の光は窒素によるものだ。オーロラはそのときどきでさまざまな色や形を見せる。

幻想的な光のショー

オーロラ

北極圏では、夜になると空にあざやかな光のリボンがあらわれ、氷のように冷たい空気を通してゆれうごくのが見られることがある。この美しい光景は「オーロラ」または「北極光」とよばれている。太陽から放出される電気を帯びた粒子の流れが、地球の磁場によって北極点の方向に向かうことで起こる現象だ。粒子が上空で大気にぶつかると、気体分子はエネルギーを与えられて光りかがやく。オーロラの色は、粒子の衝突が起こったときの高さと気体の種類によって決まる。

南極のオーロラ

電気を帯びた粒子が南極点のほうに流れると、南極のオーロラ（南極光）が発生する。この写真は宇宙から見た南極のオーロラだ。このオーロラは南極大陸の上空にあらわれるので、一般には南極海を航行する船からしか見られない。それでも、ニュージーランド南部、タスマニア、南アメリカの最南端からも見えることがある。

データ

オーロラの多くは、うすい緑のアーチが虹のように低い空にかかり、それがだんだん明るくなる。そして青、紫、赤などの色があらわれる。オーロラは数分で消えることもあれば、数時間続くこともある。

不吉なしるし
昔、ヨーロッパでは、オーロラは戦争や疫病が起こる前触れと考えられていた。

宇宙で
オーロラは、木星や土星などの、ほかの惑星でも発生する。

高度

オーロラの光のショーは、最高で300kmの高さまで広がることがある。

激しい気象現象

乾季の終わりを告げる雨

　インド東部のオリッサ州。どしゃぶりの雨のなか、農家の人が収穫した作物を積んだ自転車を押している。毎年6月なかばになると、オリッサ州の上空にはモンスーンによる雨雲が発生する。カラカラに乾いた天気と焼けつくような暑さが続いた数週間が、これで終わる。

どしゃぶりの大雨
南アジアのモンスーン

インド半島では、毎年夏になると何か月もどしゃぶりの雨が続く。夏の終わりになると雨はやみ、今度は何か月も乾燥した日が続く。そしてふたたび雨の季節になる。この気候は、「モンスーン」とよばれる、夏と冬でふく向きが変わる季節風の影響によるものだ。冬には、冷たく乾いた空気が大陸から海へと流れ、夏になると、温められた大陸の空気が上昇し、そこへ海からあたたかくしめった空気が入ってくる。この空気の流れによって雨雲が生まれ、インド全域と近くの国に大雨を降らせる。夏は気温が高く海の水が大量に蒸発するため、雲が巨大になり、大雨を引きおこすのだ。

洪水

モンスーンの雨はアジアの農業にとって欠かせないものなので、雨季を祝う風習があちこちにある。一方で、大雨が降ると増水して川から水があふれだす。とくに北の高い山から流れでる川は、増水が激しい。このため、バングラデシュのような低い土地では大規模な洪水被害が起こることがある。

データ

南アジアのモンスーンによる大雨と洪水で、パキスタン、インド、バングラデシュからタイやベトナムにいたるまで、多くのアジア諸国が影響を受ける。

最悪の被害
1997年、バングラデシュではモンスーンによる洪水で1000万人が家を失った。

インドのモンスーン
モンスーンによって夏に降る雨は、インドの年間降水量の約80%に相当する。

雨雲

モンスーンの雨雲は、1日あたり約100kmの速さでアジア上空を移動する。

激しい気象現象

息がつまるほどの砂ぼこりの雲

砂嵐

カラカラに乾燥した地域では、細かい土の粒子を強風が巻きあげて空中高くふきとばし、巨大な砂ぼこりの雲をつくりだすことがある。アラビア半島や北アフリカの砂漠では、この現象を「砂嵐」とよぶことが多い。砂の粒は重いので地上からそれほど高く飛ばされることはないが、大部分は細かいちりで、これが太陽の光をさえぎってしまう。砂嵐は地表から土壌をはぎとり、貴重な耕作地を破壊する。また、人がすむ地域が砂嵐におそわれると、空気がちりで満たされて、窒息するなどの重大な健康被害が出るおそれがある。

ちりが積もった土地

中国東部では、フランスほどの広さの地域に、黄土とよばれる細かくて黄色いちりが厚く積もっている。遠い昔に激しい砂嵐でふきよせられたものだが、いまではここから砂嵐が起こることも多い。黄土は水の流れによっても運ばれる。黄色い水はやがて中国の黄河に注ぎこむ。

データ

砂嵐は北アフリカやアラビアでひんぱんに発生するが、オーストラリアや中国、北アメリカの大草原でも起こることがある。

ちりの壁

砂嵐でできるちりの壁は、高さが1.6kmにもなることがある。

舞いあがるちり

ちりは3kmの高さまで上昇し、風に乗って世界中に広がる。

風速

砂嵐のなかでは、最大風速が時速100kmにもなる風がふいている。

被害

北アフリカでは、年間80回も砂嵐におそわれる地域がある。

激しい気象現象

砂漠の嵐

巨大な砂ぼこりの壁がクウェートの市街地に押しよせる。このような砂嵐は砂漠ではめずらしくない。砂漠では植物がほとんど育たないため、土を保つことができず、暑い気候のなか地面が乾ききってしまうのだ。

第7章

災害の現場

毎年、世界のあちこちで
激しい嵐や火災、火山の噴火、
そのほかの自然災害が起こっています。
なかには、規模があまりにも大きいために
ひとつの町全体が破壊されたり、
たくさんの人命が失われたりする
こともあります。

地震多発地区
フィリピンの地震

太平洋の周辺にすむ人びとは、たえず地震の危険と向きあいながらくらしている。太平洋の海洋プレートがそのまわりの大陸プレートの下にしずみこむときに地震が発生するからだ。海溝に近い地域、とくに環太平洋火山帯としても知られる地震多発地帯では、大きな被害が出る。フィリピンもそのひとつで、2000年以降25回以上も大きな地震が起きている。2012年には大きな被害を出したネグロス島の地震が起きた。地殻に突然さけ目が入り、そこから伝わるゆれが大きな被害を引きおこす。集落がまるごと破壊されたり、多数の死者が出たりする。

概要
- 場所：フィリピンのネグロス島（フィリピン諸島）
- 地震の大きさ：マグニチュード6.9
- タイプ：複数のプレートが接するところで起こる断層破壊
- 日付：2012年2月6日

データ

環太平洋火山帯の上に位置するフィリピン諸島では、毎年多くの地震が起こる。多くは弱いゆれで、ほとんどの人が気づかないほど小さいゆれもある。しかし数年に一度は、破壊的なゆれが起きる。

地震の被害
2012年の地震は最悪の規模というほどではなかったが、それでも2万3500人が、家を失った。

震源の深さ
地震が発生したのは、地下11kmの地点だった。

地震の規模
フィリピンで記録に残る最大の地震の規模は、マグニチュード8.7。

1〜4	5〜7	8〜10
測定されるが被害はほぼ出ない	建物に被害が出ることがある	大規模な被害が出る

災害の現場

こわされたくらし

2012年2月にフィリピンのネグロス島中部をおそった地震の翌日のようす。住民がずたずたになった道路を歩いている。この地震では数か所で地すべりが起き、死者が出た。

命をうばう大波
日本の津波

　2011年3月11日金曜日、午後2時46分、日本の東北地方沖合の海底を震源とする巨大地震が発生した。プレートのすべり量（断層面が動いた距離）は最大で50mだった。これによって、海底が7mはねあがり、広い範囲で海面を押しあげ、それが津波となって日本の東海岸に押しよせた。波は浅い海に入ると速度を落とす。そのために、次つぎと押しよせる波が重なって巨大な水の壁ができ、おそろしい津波となって海岸地帯をおそった。海沿いにあった町は流され、1万数千人もの人が、津波に流されたり、流れてきたがれきにあたったりして亡くなった。

概要
- 場所：日本の三陸沖で起きた地震による
- 地震の大きさ：マグニチュード 9.0
- タイプ：プレート境界の断層破壊
- 浸水した面積：約 560km²

データ

津波を起こす地震より、引きおこされた津波のほうがはるかに破壊力が大きい。この津波は太平洋を横断し、アラスカ、ハワイ、チリ、南極大陸にまで届いた。

突然の移動
東日本全域が、この地震で、東へ10cm以上移動した。

流出したがれき
推定で1800万トンのがれきが海に流された。

被害
津波は、最大で海抜40mのところまで到達した。

海底地震
約500kmにわたる海底の断層破壊が起こった。

沿岸域での津波の高さ
最大 **21m**

災害の現場

174

がれきの山

津波は通り道にあるすべてのものを運びさった。家も、車も、船までも。コンクリートでできたがんじょうな建物だけがやっと残っている。ほとんどのものは、波といっしょに運ばれてきたがれきで破壊されたのだ。

きわめて大きな被害をもたらした災害

なだれおちる炎

ベスビオ山

イタリアにあるベスビオ山は、世界でも最大級の危険な火山だ。約2000年前に、そのおそろしさを見せつけるできごとがあった。爆発的な噴火によって、大量の火山ガスと火山灰が大気中に放出されたのだ。人びとが逃げまどうなか、噴煙の一部が崩壊して、高温の火山ガスと溶岩の破片が一体となり、なだれのように猛スピードで山をかけおりた。この火砕流はふもとの町ポンペイとヘルクラネウムに押しよせ、あっという間に数千人の命をうばった。町には灰が厚く積もり、遺体はその下にうもれてしまったのである。

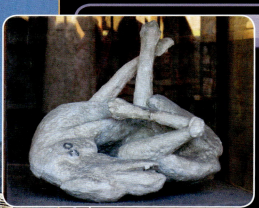

概要

- 場所：イタリアのナポリの近く
- 火山のタイプ：成層火山
- 噴火の時期：西暦79年
- 噴火のタイプ：火砕流をともなう爆発的噴火

データ

ポンペイには、灰のなかに噴火の犠牲になった約1500人の遺体があったことを示す空洞が残っている。発掘者はその空洞に石膏を流しこんで模型をつくり、遺体の状態を再現した。

ベスビオ山

西暦79年以降にも、ベスビオ山は数十回噴火している。

灰にうもれて
動物も灰にうもれていた。そのなかには主人の家を守っていた番犬もいる。

温度

高温のガスと岩石が流れくだる火砕流の温度は、最高で300℃にもなった。

℃(セ氏)	100	200	300
°F(カ氏)	212	392	572

噴煙の高さ

最大 30km

災害の現場

次の噴火は？

山頂が深くえぐれたベスビオ山が、ポンペイの廃墟にのしかかるようにそびえている。厚さ25mの火山灰のなかから発掘されたのが、このポンペイの遺跡だ。町は噴火で完全に破壊され、多くの住民も灰にうもれてしまった。ベスビオ山がふたたび噴火すれば、現代の都市ナポリが同じ運命に見舞われるかもしれない。

突然の大爆発
ピナツボ山

火山には、ひんぱんに噴火して煙や炎をふきあげる山もあるが、眠っているように見えて、何百年もの間、力をためこみ突然大爆発を起こす山もある。フィリピンのピナツボ山はその代表だ。1991年、600年も静かだったこの火山が噴火した。何度もくりかえされる爆発に島じまはゆれ、大量の灰とガスをふくむ巨大な雲が、空高く立ちのぼった。二酸化硫黄のガスが空気中の水分と結びつくと硫酸となり、これが大量のエアロゾル（空気中に浮遊する液体や固体の粒子）となって地球全体をおおう。これによって地上に届く日ざしは2年以上にもわたって弱められた。一方、火山の周辺に降った灰はまわりの土地に厚く積もり、風景を白一色に変えてしまった。

概要

- 場所：フィリピンのルソン島
- 火山のタイプ：成層火山
- 噴火のタイプ：ウルトラプリニー式爆発的噴火
- 噴出物の量：10km³ 以上

データ

1991年のピナツボ山の噴火は、1883年に現在のインドネシアで起こったクラカタウ島の噴火以来最大の規模。約800人が死亡したといわれるが、住民約2万人が避難していたこともあって、規模のわりには被害が少なかったといえる。

爆発的噴火

1980年に起こったセントヘレンズ山（アメリカ）の噴火の10倍の規模の噴出物。

世界的な影響
硫酸エアロゾルが日光をさえぎり、気温が0.5℃ほど下がった。

灰の雲

火山灰の雲は、最大34kmの高さにまで達した。

20世紀最大級の爆発的噴火

死の雲
　焼けつくほど熱い灰やガスは、雲のようなかたまりとなって、なだれのように山腹をかけおりた。川沿いの谷をうめて、逃げようとする人びとを押しつぶすかのように迫ってくる。幸い、この人たちは奇跡的に逃げることができた。

爆発後

1991年に大爆発を起こす前、ごつごつしたピナツボ山の山頂は熱帯雨林におおわれていた。爆発で地下のマグマだまりが空になったため、山頂のほとんどが落ちこんで、巨大なクレーター（カルデラ）ができた。カルデラに水がたまって生まれたのが、ピナツボ湖である。

オーストラリアで最悪の森林火災

大火災
ピーク時には炎が100mの高さにまで上がった。たいへんな熱さで、実際に炎が届く前から木が燃えだすほどだった。消防隊が消火のためにできることは、あまりなかった。

ファイアストーム

暗黒の土曜日（森林火災）

　乾燥した森林地帯では、毎年のように火災が発生する。一種の自然現象だが、それが想像もできないような大火災になることがある。2009年2月7日土曜日、オーストラリアのビクトリア州で、暑さと乾燥に強風が加わったことから次つぎと火災が発生し、何日間も燃えつづけた。消火活動は進まず、メルボルンに近いある地区では、激しい炎で強い上昇気流が発生し、それがまた空気を巻きこんで、おそろしいファイアストーム（→162ページ）に発達した。いくつかの町はすっかり灰になり、数千におよぶ住宅が焼失。多くの人が炎に巻かれて命を落とした。

概要

- 場所：オーストラリアのビクトリア州
- 季節：真夏
- 原因：記録的な暑さと乾燥、強風
- 火災の発生数：400か所以上

データ

森林火災は世界中で起こっているが、暗黒の土曜日の火災はとくに被害が大きかった。焼失した面積は約4500km²にもなる。

消火活動
約5000人の消防士がこの大火災に立ちむかった。

焼失
2000軒以上の家が焼けおちた。

猛烈な熱
300m以内に近づくと命にかかわるほどの熱が発生したところもある。

m　　100　　200　　300　　400
フィート　300　　600　　900　　1200

家を失った人

7500人以上

災害の現場

街をのみこむ高潮
ハリケーン「カトリーナ」

毎年夏になると、北大西洋熱帯域で生まれたハリケーンが西方の北アメリカ大陸に向かってくる。2005年8月、シーズンで5番目のハリケーン「カトリーナ」が、メキシコ湾上空で北に向きを変え、その地方最大の都市であるニューオーリンズを直撃した。猛烈な嵐で海水が大量に押しあげられ、ふだんの海面より最大8.5mも高い高潮になった。うなりをあげる風に押されて波が海岸に押しよせ、津波のように防波堤を破壊した。低地にあった市街地はほとんどが水につかり、破壊された建物も数多い。数百人の市民がおぼれて亡くなった。

概要
- 場所：アメリカのルイジアナ州ニューオーリンズ
- 日付：2005年8月29～30日
- ハリケーンの強さ：5段階のうちのカテゴリー5（上陸後はカテゴリー3）
- 風速：時速200km以上

データ

カトリーナの威力は、過去にアメリカをおそったハリケーンのなかで5本の指に入る。死亡者の半分ほどがおぼれて亡くなった。

風速
記録に残る最大風速は時速280kmだ。

内陸の浸水
水は、沿岸から20km内陸まで押しよせた。

洪水の水位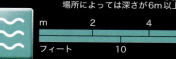
ニューオーリンズの80%が水につかり、場所によっては深さが6m以上に達した。

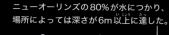

経済的損失
1080億ドル
約10億円

災害の現場

水没した都市

　嵐が去ったあとのニューオーリンズは、広大な湖のようになっていた。ハリケーン「カトリーナ」では、100万以上の人が家を失い、500万人が電気のない生活を強いられた。

干ばつと飢え

サヘルの干ばつ

　熱帯の多くの国では、乾季と雨季が交互にやってくる。そのため人びとは、雨が降る数か月の間に収穫できる作物にたよってくらしている。ところがその雨が降らない年がある。土地は乾ききって、作物は枯れてしまう。アフリカにあるサハラ砂漠の南端に位置するサヘル地方をおそったのは、このような干ばつのなかでも最悪のものだった。干ばつは何年も続くと、水が干上がり畑の作物は立ち枯れ、家畜は死に、人間は飢えに苦しむことになる。このような飢饉はこれからますますひんぱんに起きるようになるかもしれない。気候の変化によって、雨季に降る雨の量が年ねん不安定になっているためだ。

概要

- 場所：サハラ砂漠南部（大西洋から紅海までの細長い地域）
- 面積：約 300 万 km²
- 危険な状態にある人口：1500 万人
- 近年最長の干ばつ：1968～1974 年

データ

干ばつは世界のどこででも起きる可能性があるが、熱帯の貧しい国ぐにで起こると、人びとが餓死する危険性が高くなり、深刻な事態になる。生きのびるには人道的支援にたよるしかない場合が多い。

天災
1960～1980年代の干ばつで、サヘル地方の住民5000万人の多くが影響を受けた。

雨量
サヘル地方の年間降水量は、100～600mmほどだ。

気温
干ばつには気温が大きく関係する。2010年6月25日、東サヘルに位置するスーダンでは最高気温49.6℃を記録した。

℃(セ氏)	10	20	30	40	50
℉(カ氏)	50	68	86	104	122

災害の現場

ひび割れる地面

泥を焼きかためたような広大な土地は、もとは湖だった。干ばつが何か月も続いたために荒れ地になったのだ。地下深くには水が残っている可能性はあるが、このまま雨が降らないと、いずれ砂漠に変わるだろう。

命をはぐくむ地球

地球は、生命が存在できる、太陽系でただひとつの惑星です。地球の海や陸は、ごく小さなバクテリアから巨大なクジラ、見あげるほど高い樹木まで、たくさんの種類の生き物で満ちあふれています。世界中どこに行っても、その土地での生活に適応した動植物が見られます。

豊かな森

ボルネオの低地に広がる熱帯雨林から霧が立ちのぼる。朝日に照らされて、木の葉がはきだした水分だ。この霧の多くは雲になり、その日のうちに雨となって森に降りそそぐ。つまり、熱帯雨林の気候は森が自分でつくりだしているともいえるのだ。

陸上でもっとも豊かな動植物の生息地

生き物たちの楽園
熱帯雨林

熱帯雨林は野生生物の宝庫で、おどろくほど多くの種類の動植物が生息している。1年をとおしてあたたかく、毎日のように雨が降る。そのため草木はどんどん成長し、花を咲かせ、実をつける。森にすむ動物が食べ物に不自由することはない。ここには、一生のほとんどを木の上ですごす動物がたくさんいる。たとえばサルは、群れで高い木の上を枝から枝へわたりながら木の実をさがす。ほかにも、昆虫を主食にするカエルや、木の葉を食べるナマケモノなどが木の上をすみかにしている。ランのような小さな草花は、木の上の枝から生えて、太陽の光を吸収しようとする。

分布域

熱帯雨林は赤道の近くで見られる。地球の表面積の6%を占めるにすぎないが、世界中の動植物の半分以上が生息する。世界最大の熱帯雨林は南アメリカのアマゾン盆地にあり、その一部は中央アメリカにまで広がっている。

森林の層

熱帯雨林は、地面からの高さによっておもに4つの階層に分類される。いちばん低い林床にはほとんど光が届かないため、植物はあまり生えず、大型の動物が歩きまわるのには適している。熱帯雨林のメインの林冠(高木の枝葉が茂る層)の下には、それほど高くない樹木の層がある。いちばん高く成長する樹木は、林冠よりさらに上までのびている。

突出した樹木　　亜高木・低木層
林冠　　　　　　林床

命をはぐくむ地球

草原の命づな

　アフリカ東部の広大な草原セレンゲティには、ところどころに背の高いアカシアの木が生えている。熱帯地域の乾季を生きのびるのにこの木はとても役に立つ。草原にくらすアフリカゾウはアカシアの葉が大好物だ。長い鼻を使って、高いところの葉を食べる。

熱帯の草原

サバナ

　熱帯地域は乾燥しているところが多く、熱帯雨林以外では深い森は広がりにくい。そのかわり、「サバナ」とよばれる草原が発達している。樹木が多く見られるサバナもあるが、もっと乾燥したところでは、樹木はまばらにあるだけで、あとは見わたすかぎり草原だ。アフリカでは、このような草原に草食動物が大きな群れをつくってくらしている。乾季になると草は枯れ、ときには火災が起きる。そうなると動物たちは食べ物をさがして移動しなければならない。しかしまた雨季がめぐってくると、草は新しく芽を出し、草食動物の群れも戻ってくる。

分布域

サバナの草原は赤道に近い熱帯地域に分布するが、熱帯雨林のような雨の多い地域からははなれている。アカシアやバオバブなど、乾燥に強い樹木がぽつぽつと生えているこのような草原は、おもにアフリカに広がっているが、南アメリカやインドの一部、オーストラリア北部でも見られる。

サバナの狩り

　アフリカのサバナにすむ草食動物は、ライオンのような強い肉食動物にとって、狩りの獲物になる。ひらけた草原には隠れる場所があまりないので、草食動物の多くは敵から逃げるために速く走る能力を身につけた。だが肉食動物も足は速い。こっそり獲物に忍びより、突然おそいかかるという戦法をとることもある。

命をはぐくむ地球

193

とげだらけの貯水槽
　アメリカのアリゾナ州の砂漠では、ベンケイチュウという背の高いサボテンがよく見られる。空気中から水分を取るためのとげなど、強い日ざしと乾燥のなかで生きるためのしくみが備わっている。

干ばつを生きのびる

砂漠

　雨がほとんど降らないところは砂漠になる。砂漠はたいていの場合、昼はとても暑いが、夜になると気温が下がる。乾ききったきびしい環境の砂漠には、植物はほとんど生えない。しかし、雨がときどき降る砂漠もある。そこでは、植物が少ない雨をせいいっぱい利用する方法を身につけている。とげのある低木は、根を地中深くのばして水分を吸いあげ、葉を小さくして水分の蒸発を防ぐ。アメリカの砂漠に生えるサボテンは、多肉質の茎に水分をたくわえる。分厚い根に水分をたくわえる植物もある。また、種子のまま何年も生きられる植物もある。たまに激しい雨が降ったときだけ芽を出し、花を咲かせ、実を結ぶのだ。

分布域

多くの砂漠は亜熱帯地域に分布する。熱帯地域で雨を降らせて乾燥した空気が亜熱帯地域に流れこみ、地表の熱でますます乾燥するためだ。気温が低い中央アジアにも砂漠があるのは、水分をふくんだ海からの風がヒマラヤ山脈などの高山地帯にさえぎられて届かず、乾燥するからだ。

夜のハンター

　砂漠では、昆虫、トカゲ、ネズミなどの小型のほ乳類がよく見られる。その多くが、日中は穴のなかに隠れていて、夜に活動する。このサボテンフクロウのような猛きん類は、そういう動物を獲物にする。サボテンフクロウは、大きなサボテンにキツツキがあけた穴でくらすことも多い。

命をはぐくむ地球

195

豊かな四季の恵み

温帯地域の森

1年中あたたかい地域と1年中寒い地域の間には、温帯地域がある。温帯地域は、あたたかい夏と、霜がおりる程度に寒い冬があり、定期的に雨が降るのが特徴だ。じゅうぶんな雨が降るところでは、草木が自生して温帯の森ができる。常緑樹の葉はかたく厚みがあり、凍りつくような冬の寒さにもたえられる。しかし温帯の森の主役は落葉樹で、秋にはうすい葉を落として枝だけになる。落葉樹は冬の間は眠っている状態で、春になると新しい葉を出す。落葉樹の若葉は常緑樹のかたい葉に比べて日光を吸収しやすい。こうして、樹木の成長と再生に必要な栄養分をつくりだすのだ。

分布域

温帯地域の落葉樹林は、アメリカ東部、西ヨーロッパ、東アジアに見られる。同じ温帯でも、冬がそれほどきびしくない地域では、常緑の温帯雨林が発達する。アメリカ西部の一部、南アメリカの南部、オーストラリア、ニュージーランドがここにふくまれる。

夏の渡り鳥

春になって新しい葉が出てくると、その葉を食べる虫が大量に発生する。これが、シロビタイジョウビタキなどの渡り鳥を引きよせる。シロビタイジョウビタキはアフリカなどから北のほうに飛んできて巣づくりをし、ヒナに昆虫を与えて育てる。秋にはもとの場所に戻っていく。

命をはぐくむ地球

色づく秋
　イギリスに冬が近づくと、夏の間、緑色に生いしげっていた落葉樹は葉を落とす準備をする。この過程で葉は茶色、黄色、赤などに変わり、やがて地面に落ちる。日本でもよく見られる紅葉だ。

きびしい冬
タイガ

北半球の温帯地域と北極圏の間には、北方針葉樹林帯があり、おもに常緑樹の森がどこまでも続いている。この森は「タイガ」とよばれ、南極大陸をのぞけば地球上でいちばん寒い気候にある森だ。樹木のほとんどはトウヒやマツなどの針葉樹だ。針のようなかたい葉は凍りついても枯れることはなく、日が当たるといつでも、太陽からのエネルギーをすぐさま吸収するしくみになっている。タイガの地面は、だいたいがしめっているか沼のような湿地帯になっていて、あちこちに小さな川や池があるが、冬になると一面の氷原になる。

分布域

タイガ（北方針葉樹林）は、スカンディナビア半島の大部分、ロシア、シベリア、アラスカ、そしてカナダに分布する。その北の端では、樹木が少なくなり北極圏のツンドラにつながっていく。南半球には針葉樹林帯はない。赤道と南極大陸の間の同じくらいの緯度に、陸地がほとんどないからだ。

氷原で生きる

タイガでくらす動物は、きびしい冬をたくましく生きぬいている。ビーバーは池のなかに食べ物をたくわえて冬の準備をする。冬になると池が凍るため、食べ物を新鮮なまま保存できるのだ。また、川をせきとめて水をため、池の真ん中に巣をつくる。この場所なら、オオカミなどの肉食動物におそわれる心配がない。水面が凍ると、ビーバーは氷の下にもぐってすごす。

冬の針葉樹林

ロシアの西シベリア平原にある広大なタイガ。針葉樹が見わたすかぎり広がっている。水面が凍結し雪が積もった川や三日月湖が、くねくねと森を取りまく。低くかたむいた冬の太陽が、樹木の影を長く落としている。

世界最大級の広大な森

夏の花畑
　アイスランドのツンドラで、背の低い草が花を咲かせ、北国の低い太陽に照らされている。ツンドラに育つ植物の多くは、びっしり密集して生えている。冷たい風から身を守るためだ。

極地を取りまく荒原
ツンドラ

　北極や南極はあたり一面が氷の世界だが、その周辺には、ほとんど木が生えていない寒ざむとしたツンドラが広がっている。ツンドラでは、冬には太陽が地平線の上にわずかに顔を出すだけだ。そのため気温が下がり、地中の水分は凍結してしまう。しかし夏になると、今度はほとんど日がしずまず、地面はあたたかくなる。地表近くは地中の水分がとけて、地面は沼地のようになる。冬を生きぬいた草花が、ここで花を咲かせ種子をつくり、虫たちもやってきて産卵する。草花や虫に引きよせられて、夏の渡り鳥もやってくる。ガンはここに巣をつくってヒナを育て、冬になってまた雪が降りはじめると、あたたかい地域をめざして飛んでいく。

分布域

ツンドラのほとんどは、広大なタイガの北に位置している。北極海を取りまくアラスカ、カナダ、グリーンランド沿岸部、アイスランド、スカンディナビア半島、ロシアなどの地域だ。南半球では、南極大陸の沿岸部、冷たい南極海に浮かぶ岩だらけの孤島などに分布する。

冬のツンドラで生きる

　多くの動物は夏の間だけツンドラにやってくるが、冬もツンドラでくらす動物もいる。たとえば、ネズミの仲間レミングは、雪にほった巣穴にひそんで冷たい風から身を守る。レミングを獲物にしているのが、写真のホッキョクギツネだ。白い冬毛は分厚くて冬でもあたたかい。北半球のツンドラにはほかに、シベリアオオカミ、シロフクロウなどの肉食動物が生息している。

命をはぐくむ地球

地球最大の生態系

海のなかでのかかわりあい

海洋生物のすみか

地球上の生き物の多くは海のなかにすんでいる。氷のように冷たい極地の海から熱帯のサンゴ礁まで、海はひとつづきの空間として、たくさんの種類の生き物のすみかになっている。海洋における食料のほとんどは、日ざしがさしこむ海面近くをただよっている、ごく小さな藻類などの植物プランクトンだ。ほかの海洋生物の多くは、植物プランクトンにたよって生きていることになる。栄養分の豊富な海でプランクトンが大発生すると、エビなどの動物や小魚の大群が集まってくる。この小魚やエビを、大きな魚やクジラ、イルカ、海鳥などが食べるのだ。

分布域

海は地球の面積の3分の2以上を占め、平均の深さは約3800mだ。海の動物はほとんどが、日光がさしこむ水面近くの海域や、食べ物が豊富な浅いサンゴ礁の海に生息している。しかし、深海もふくめて、海のなかのどんなところでも生き物が見られる。

凍りつく海

北極地域と南極地域では、冬になると気温がとても低くなって海も凍る。しかし海面に張った氷の下では魚などの動物がさかんに活動している。アザラシやペンギンなどは魚をとって食べる。そのアザラシが、北極ではホッキョクグマの獲物になる。ホッキョクグマは、冬の間は海に浮かぶ氷の上で狩りをし、陸地にはほとんど戻らない。

命をはぐくむ地球

高速のハンター

　カリブ海でプランクトンを食べているイワシの大群に、バショウカジキがおそいかかる。バショウカジキは高速で泳ぐことができる海のハンターだ。すばやい攻撃をかわすことはできずに多くのイワシが食べられてしまった。

用語解説

【あ】

硫黄 黄色くて無臭の元素。しばしば岩石にふくまれており、火山ガスとしてもよく噴出される。

宇宙 地球やあらゆる天体をふくむ果てしない空間。

衛星 惑星の周囲をまわる小さな天体。おもに岩石でできている。月は地球の衛星。

栄養分 食べ物にふくまれている、生物が生きていくために必要となる成分。

塩原 広大な塩の堆積地。湖が干あがってつくられることが多い。

温帯 暑すぎも、寒すぎもしない気候。日本の大部分は温帯。

【か】

海山 海底火山。頂上が海面に出ておらず、島になるほどは高くない、海中の山。活動中のものも活動を終えたものもある。

核 地球（天体）のいちばん内側にある領域。

花崗岩 地下でマグマが冷えてかたまってできる火成岩の一種で、大陸地殻をつくる代表的な岩石。

化合物 2種類以上の元素でできている物質。水は水素と酸素の化合物。

火砕流 火山が噴火したときに、高温の火山灰や岩石が山腹を猛スピードで流れくだる現象。

火山ガス 火山から噴出される気体。水蒸気や二酸化炭素が主成分。

火山弾 火山が噴火したときに空中に飛ばされる溶岩の小さなかたまり。

火山灰 空中にふきあげられたマグマが細かい破片になったもの。

火成岩 マグマが冷えて固まってできた岩石。でき方や成分などによってたくさんの種類がある。

化石 過去の生き物の死がいや足あとなどの痕跡。体の骨などが残った体化石、足あとや巣など生き物がくらしていたあとが残った生痕化石、生き物の模様のあとなどが残った印象化石などがある。

カルデラ 火山の噴火後、空洞になったマグマだまりに山頂部分がくずれおちてできる巨大なくぼみ。

過冷却 液体が固体になる温度（水の場合0℃）以下に冷やされても凍らない状態のこと。

間欠泉 火山の熱によって熱くなった水が一定の間隔で勢いよく水蒸気や熱湯としてふきだす温泉。

逆断層 断層の一種。両側から押される力がかかり、一方の岩盤がもう一方に乗りあげる。

キャニオン 両側が急ながけになっている深い谷。峡谷。

ギヨー 頂上が平らな海山。火山島が波に浸食されて平らになり、海中にしずんでできたもの。

銀河 星、ガスやちり、正体のわからない暗黒物質などが集まった巨大な天体のこと。太陽系が属する銀河系もそのひとつ。

結晶 原子や分子が規則正しく配列した固体の物質。

元素 物質をつくるもとになっている基本的な成分で、1種類の原子でできている物質。

玄武岩 海底や火山島などの火山から噴出した溶岩が冷えて固まってできる黒くて重い火成岩。海洋地殻を構成している。

公転 天体がほかの天体（惑星または恒星）のまわりをまわること。たとえば、地球は太陽のまわりを公転し、月は地球のまわりを公転している。

鉱物 自然にできる固体で、ほぼ一定の組成と結晶の構造をもつもの。岩石はいろいろな鉱物でできている。

【さ】

砂岩 砂粒がまわりからの圧力などでくっついて固まった岩石。

サンゴ 石灰質でできたかたい骨格をもつ海の動物。多くは群生してサンゴ礁を形づくる。

酸素 元素のひとつ。地球をとりまく大気の20%を占める気体。わたしたちが生きていくためには欠かせない。

しずみこみ帯 プレートが別のプレートの下にしずみこんでいる場所。海溝ができることが多い。

重力 地球の中心に向かって引っぱられる力。地球上にあるものは地球から重力を受けていて、ものが宇宙に飛びださないのは地球の重力による。重さのある物体はすべて重力をもつ。

小惑星 太陽のまわりをまわる小型の天体。ほとんどはいびつな形の岩石でできている。

浸食 岩石や地層が、流れる水や雨水、風などの自然の力でけずられること。

水蒸気 水が蒸発して気体の状態になったもの。

すい星 氷とちりでできた天体で、太陽に近づくと尾を引くようになる。もともと太陽系の外側からやってきたもの。

スーパーセル 中心がうずを巻いている巨大な積乱雲。竜巻を発生させることもある。

成層火山 円すい形の火山。火山灰と、粘り気が強くゆっくり流れる溶岩で形づくられる。

積乱雲 とても高いところまで発達する雲で、高さ10km以上になることもある。大雨、稲妻、ひょうといった荒天のもとになり、入道雲や雷雲ともよばれる。

石灰岩 堆積岩の一種。炭酸カルシウムでできている。白っぽい色で、雨水にとけやすい。

藻類　光合成をして太陽エネルギーから栄養分をつくりだし、その際に酸素を出す生き物のうち、水中生活するものの総称。

【た】

大気圏　地球や惑星の周囲を取りまいている気体が存在する領域。

堆積岩　砂や泥などの堆積物が圧縮されたり固められたりしてできる岩石。

堆積物　泥や砂、生物遺骸などが海底や陸上でたまったもの。

台地　頂上が平らな、周囲よりも一段と高い地形。

太陽系　太陽とそのまわりをまわる惑星、衛星、小惑星の集団。

大陸　海面上に広がる広大な陸地のこと。

大陸棚　海水中に隠れている大陸のふちの部分。沿岸部の比較的浅い海。

対流　気体や液体、固体において温度のちがいなどで軽くなった部分が上昇し、重くなった部分が下降する流れのこと。

高潮　台風や低気圧による気圧の低下で、局地的に海面が盛りあがること。

楯状火山　平たくなだらかな火山。高速で流れる玄武岩質の溶岩の噴出によって形成される。

棚氷　氷床の一部が、陸地から流れでて、海に浮かんでいる状態のもの。

断層　地殻のさけ目。岩盤に力がかかって割れて、割れた面がずれた状態のもの。

地殻　地球の外側にあるうすい岩石の層。

地溝帯　ほぼ平行に走る断層の間の土地が落ちこんで、溝のようになった地形の大規模なもの。

窒素　元素のひとつ。地球をとりまく大気の78%を占める気体。

地熱　地球内部の熱に由来した熱エネルギーのこと。

中央海嶺　太平洋、大西洋など大洋の中央を走る巨大な海底山脈。海洋地殻や海洋プレートが誕生する場で、中央海嶺をさかいに左右に拡大している。

超巨大火山　地球規模で環境に影響を与えるほどの大規模な噴火を起こす火山。大規模なカルデラの形成をもたらす。

津波　海底や海岸の地形が変化したときに海水が押しあげられて起こる巨大な波。海底地震で引きおこされることが多い。

泥水泉　温泉の一種。酸性の湯が岩をとかし、液体の泥に変えるためにできる。

鉄砲水　大雨によって突然起こる激流。洪水などの災害を引きおこすこともある。

トラバーチン　温泉から炭酸カルシウムが沈殿してできた石灰岩の一種。

トランスフォーム断層　プレートの境界（中央海嶺）がところどころ横にずれてできた断層。

【な・は】

熱帯　赤道付近に沿って位置する暑い地域。

バクテリア　細菌のこと。単細胞の微生物ではっきりした器官をもたない単純なつくり。地球上のあらゆるところにいる。

氷河　雪が年を越して大量に堆積し圧縮されてできた巨大な氷のかたまり。低いほうへとゆっくり流れくだる。

氷河時代　地球の歴史のなかで、氷床が発達する寒い時期。氷河時代のなかでは、寒冷の氷期と温暖な間氷期がくりかえされている。

氷山　氷河や棚氷の一部がくずれおちて、海に浮かぶ氷のかたまりになったもの。

氷床　大陸を広範囲にわたっておおう厚い氷。

風化　地表の岩石や鉱物が雨や風や日光、水などにさらされ、しだいにくずれること。

ブラックスモーカー　海底から熱水がふきだす煙突のような噴出孔のうち、黒い鉱物をふくむもの。

プランクトン　水中をただよってくらす生き物の総称。運動能力がほとんどなく、ごく小さなものが多い。

プレート　地殻と上部マントルの最上部100km程度からなる巨大な板状の岩盤。地球の表面をおおいゆっくり移動している。

噴気孔　高温の岩石で熱せられた地下水が、蒸気になって噴出するところ。

噴石丘　火山の噴火によって噴石が積みかさなってできる小さな円すい形の丘。大きな火山の山腹にできることが多い。

変成岩　熱や強い圧力などによって性質が変化してできた岩石。

ホットスポット　地球深部から地表付近へ上昇してくる熱い上昇流（マントルプルーム）によって起こる火山活動が生じている場所。

【ま・や】

マグマ　地下の岩石がとけて高温の液体の状態になったもの。

マグマだまり　火山の内部または下にある、マグマがたまっている部分。

マントル　地殻と核の間にある岩石の厚い層。

マントルプルーム　マントルのなかでもとくに熱い部分。ゆっくりと上昇して地殻の下でホットスポットを形成する。

三日月湖　川のくねくねと蛇行した部分が本流から切りはなされ、三日月形の湖になったもの。

モレーン　谷がけずられてできた土砂などが氷河に運ばれ、氷河の両側や末端に積みあげられてできた堆積物。

溶岩　マグマが火山から噴出して地上に流れでたもの。またそれが冷えて固まった岩石のこと。

この本で使われている外国の単位
1°F（カ氏） ＝−17.22℃（セ氏）
1インチ ＝2.54cm
1フィート ＝30.48cm
1マイル ＝1609m
1平方マイル ＝2.59km^2
1立方フィート ＝0.028m^3

用語解説

さくいん

【あ】

アイスランド
　……19, 23, 27, 29, 31, 200
アタカマ砂漠……………58, 59
アマゾン／アマゾン盆地
　………………124, 125, 191
アリューシャン列島………20
アルティプラノ高原……36, 37
アルプス山脈………………21
アレナル山…………………26
アンデス／アンデス山脈……20, 36, 37, 39, 54, 58, 124, 125
アンテロープキャニオン……70
アンヘル滝…………………139
イエローストーン／イエローストーン国立公園………29, 94-96
稲妻……………………146, 149
ウェッデル海…………108, 109
雨季……………54, 120, 125
雨氷…………………………161
ウユニ塩原…………37, 54, 55
ウルル…………………42, 43
エアーズロック…………42, 43
エッジワース・カイパーベルト
　………………………………11
エトナ山……………90, 91, 93
エベレスト……………44, 45
エルタアレ山………………80, 81
塩原／塩湖
　…………37, 54, 55, 82, 126
エンジェルフォール………139
オアフ島……………………78
オーロラ……………………164, 165
温泉………28, 29, 82, 84, 94, 96, 131
温帯………………………196, 198

【か】

海王星………………………11
海溝……………………20, 21, 36
海山……………………19, 78
カイバブ石灰岩……………51
カウアイ島…………………78
核……………………14-16, 94, 95
花崗岩
　…………21, 32, 33, 39, 51, 105
火災旋風……………………162
火砕流…………………88, 90, 176
火山…20, 21, 26-29, 32, 36, 37, 48, 74, 75, 78-80, 84, 88-91, 94, 149, 176, 178
火山弾…………………90, 91
カスカウルシュ氷河……100, 101
火星……………………10, 59
火成岩…………………32, 33
化石……………………33, 45, 51, 61
カッパドキア………………57
カナイマ国立公園…………139
カルデラ
　………27, 84, 89, 93-95, 181
過冷却………………………161
間欠泉………28, 29, 31, 84, 94, 95
ガンジス川……………136, 137
ガンジスデルタ……………137
環太平洋火山帯………21, 172
干ばつ……70, 186, 187, 195
岩盤……36, 37, 40, 50, 53, 64
季節風………………………167
キャノクリスタレス川……128
ギョレメ国立公園…………57
キラウエア山……74, 75, 77, 79
金星……………………………10

【か】（続き）

グランドキャニオン……50, 51, 53
グランドプリズマティックスプリング
　………………………………96
クルアニ国立公園…………100
グレートバリアリーフ
　………………132, 133, 135
グレートブルーホール
　………………………140, 141
グレートリフトバレー……64
玄武岩……19, 33, 48, 67, 74, 75, 77, 80, 120
紅海…………………………19
洪水……………70, 167, 184
紅葉…………………………197
ココニノ砂岩………………50
コロラド川……………50, 53

【さ】

サイクロン…………………156
砂岩……33, 42, 43, 50, 68, 70, 71
砂丘……………………46, 47
桜島…………………………149
砂漠……46, 47, 58, 59, 61, 70, 82, 168, 169, 186, 187, 194, 195
サバナ………………………193
サハラ砂漠…………………186
サヘル地方…………………186
サンアンドレアス断層……40, 41
サンゴ岩……………………133
サンゴ礁……79, 104, 132, 133, 135, 140, 141, 202
ザンベジ川…………………120
山脈……18, 20, 21, 32, 36, 37, 39, 44, 45, 108, 109

【さ】（続き）

シエラデラマカレナ国立自然公園
　………………………………128
死海……………………126, 127
地震…16-18, 20, 21, 24, 25, 40, 41, 172-174
しずみこみ帯………………20, 21
湿地帯…………………137, 198
ジャイアンツコーズウェイ
　………………………48, 49
ジャワ島…………………88, 89
しゅう曲／しゅう曲山脈
　………………20, 21, 32, 37, 39
白砂漠………………………61
シンクベトリル国立公園……23
浸食……42, 48, 51, 57, 61, 63, 69, 70, 79, 103
森林火災…………………182, 183
水星…………………………10
すい星…………………10, 11
スーパーセル……150-152, 162
スーパーボルケーノ………94
スチームボートガイザー……29
ストロックル間欠泉………31
ストロンボリ式（火山）……26
砂嵐……………………168, 169
スメル山……………………88
スロットキャニオン………70
成層火山……26, 27, 88, 90, 176, 178
赤道………156, 191, 193, 198
積乱雲……146, 149, 150, 152, 154, 157
石灰岩……29, 33, 45, 63, 122, 140, 141
セレンゲティ………………192
セントヘレンズ山……20, 27, 178
側噴火………………………91

ゾロアスター花崗岩 …………51
ソンドン洞 …………………122

【た】

タイガ ………………198, 199
大気／大気圏 …10, 14, 15, 94, 146, 164, 165
堆積岩 ………32, 33, 50, 91
大地溝帯 ……64, 65, 67, 80, 82, 142
台風 …………………………156
太陽 …………10-12, 14, 106, 165
太陽系 …………………10, 14
大陸棚 ………………19, 132
大理石 ………………………33
タウポ火山帯 ………………84
ダウンバースト ……154, 155
高潮 …………156, 157, 184
滝 ……………120, 121, 138, 139
竜巻 …………152-154, 162
楯状火山 ……26, 74, 78, 80
ダナキル砂漠 ………………82
棚氷 …………………108, 111
ダロル山 …………………82, 83
タンガニーカ湖 …………64
断層 …18, 23, 24, 32, 36, 37, 40, 41, 64, 65
地殻 …14-21, 27, 32, 37, 41, 64, 65, 67, 80, 83, 117, 137, 172
地球型惑星 ………………10, 11
地溝帯 ………18, 31, 65, 67
地層 …………32, 42, 50, 57, 61
地熱 …………28, 31, 82, 84, 131
中央海嶺 …18, 19, 23, 26, 28, 37, 86
超巨大火山 ………………27, 94
ツィンギデベマラ国立公園 ……63
月 ……………………………14
月の谷 ………………………58
津波 …………17, 20, 24, 25, 174, 175
ツンドラ …108, 198, 200, 201

泥池 …………………29, 84
テーブルマウンテン ………68
テプイ …………………68, 139
デルタ …………………136, 137
天王星 ………………………11
洞くつ …………43, 63, 106, 107, 122, 123, 140, 141
トゥルカナ湖 ………………67
トバ山 ………………………27
トラバーチン …29, 130, 131
トランスフォーム断層 ……18, 40, 41
ドリーネ ………………122, 140
トロク川 ……………………64

【な】

ナトロン湖 …………142, 143
ナミブ砂漠 ………………46, 47
南極／南極大陸 …16, 100, 103, 108, 109, 111-114, 165, 198, 201, 202
南極横断山脈 ………108, 109
入道雲 ………………………146
ネグロス島 …………172, 173
熱水噴出孔 ………………18, 86
熱帯 …………63, 67, 68, 132, 139, 146, 156, 157, 184, 186, 191, 193
熱帯雨林 ……68, 181, 190, 191, 193

【は】

バイカル湖 …………116, 117
パムッカレ …………………131
ハリケーン ……156, 157, 159, 161, 184, 185
ハワイ式（火山）…………26
ハワイ島 ……………74, 78, 79
パンゲア ……………………17
ヒエラポリス ………………131
ビクトリア滝 ………120, 121
ビシュヌ片岩 ………………50

ピナツボ湖 ………………181
ピナツボ山 …………178, 181
ヒマラヤ山脈 …21, 44, 45, 137
ひょう …………150, 151, 154
氷河 …………32, 100-107, 113
氷河時代 ……………………103
氷山 …………108, 112, 113
氷床 …………103, 108, 109, 111
氷舌 …………………………113
ビルンガ火山群 ……………64
ピトンドゥラフルネーズ …26
ファイアストーム …162, 183
ファイアデビル ……162, 163
フィヨルド …………104, 105
風食れき ……………………61
複合火山 ……………………74
ブライトエンジェル泥板岩 …50, 51
ブラックスモーカー ……28, 86
プリニー式（火山）…………26
ブルカノ式（火山）…………26
プレート …16-21, 23-26, 28, 32, 36, 37, 40, 41, 78-80, 88, 172, 174
フロストフラワー …114, 115
ブロモ山 ……………………89
噴石丘 ………………………90
ベスビオ山 …………176, 177
片岩 …………………………33
変成岩 ……………………32, 33
変性作用 ……………………33
ホースシューベンド ………53
北極／北極圏 …16, 100, 114, 165, 198, 201, 202
ホットスポット …16, 26, 28, 78, 79, 94
北方針葉樹林 ……………198
ボルネオ ……………………190
ホルフロイン ………………27
ポンペイ ……………176, 177

【ま】

マウイ島 ……………………79

マグマ …18-21, 27, 28, 32, 33, 37, 51, 64, 80, 90, 91, 94, 95, 181
枕状溶岩 ……………………19
マダガスカル ………………63
マッシュルームロック ……60
マリアナ海溝 ………………21
マントル ……14-16, 18, 19, 21, 78, 79, 94, 95
ミシガン湖 …………………161
冥王星 ………………………11
メラピ山 ……………………88
メンデンホール氷河 …106, 107
木星 …………………………11
木星型惑星 ………………10, 11
モレーン ……………101, 103
モンスーン …………166, 167

【や・ら・わ】

溶岩／溶岩流 …18, 19, 23, 26, 27, 48, 57, 74, 75, 77, 80, 81, 90, 91
溶岩湖 ……………………80, 81
リーセフィヨルド …………105
流氷 …………………………109
林冠 …………………………191
林床 …………………………191
ルイーズ湖 …………………115
レッドウォール石灰岩 ……50
レマン湖 ……………………161
ロイヒ …………………78, 79
ロス海 ………………………108
ロトルア ……………………84, 85
ロライマ山 …………………68, 69
惑星 …………10-12, 14, 15
割れ目噴火 ………………26, 27

協力者一覧
きょうりょくしゃいちらん

Dorling Kindersley would like to thank Dr Michelle Harris, Professor Chris Morley, Professor Antony Morris, Professor Robin Lacassin, and Professor Mark Saunders for expert advice; NASA for the Mount Etna topography data; British Antarctic Survey for the Antarctic topography data; Gary Hanna and Peter Bull for additional illustrations; Jane Thomas and Smiljka Surla for additional design assistance; Jane Evans for proofreading; Carron Brown for the index; Antara Moitra for editorial assistance; Chhaya Sajwan, Neha Sharma, Roshni Kapur, and Vaishali Kalra for design assistance; and Ashwin Raju Adimari for additional picture research.

Picture Credits
The publisher would like to thank the following for their kind permission to reproduce their photographs:

(Key: a-above; b-below/bottom; c-centre; f-far; l-left; r-right; t-top)

5 Dreamstime.com: Dirk Sigmund (tc). **Getty Images:** Jim Sugar (tr). **Imagelibrary India Pvt Ltd:** Krzysztof Hanusiak (tl). **6-7 Rex Shutterstock:** Fernando Famiani. **11 NASA:** Johns Hopkins University Applied Physics Laboratory / Southwest Research Institute (c). **12-13 NASA:** JSC. **14 123RF.com:** Boris Stromar / astrobobo (bl). **15 Alamy Stock Photo:** Stocktrek Images, Inc. (cra). **Getty Images:** Marisa López Estivill (crb); Marc Ward / Stocktrek Images (cr). **17 iStockphoto.com:** mafra13 (tr). **18 NOAA PMEL Earth-Ocean Interactions Program:** (bl). **19 Alamy Stock Photo:** Dirk Bleyer / imageBROKER (tl). **Getty Images:** Planet Observer (cra). **NOAA:** NSF (cr). **20 Alamy Stock Photo:** World History Archive (br). **Science Photo Library:** NASA (cr). **21 Alamy Stock Photo:** Stocktrek Images, Inc. (tr). **22-23 Getty Images:** Arctic-Images / Corbis Documentary. **24 Getty Images:** Alex Ogle / AFP (crb); Anthony Asael / Art in All of Us (clb); The Asahi Shimbun (cb). **25 Alamy Stock Photo:** Design Pics Inc (bl). **26 Getty Images:** Guiziou Franck / hemis.fr (br). **27 Alamy Stock Photo:** Arctic Images / Ragnar Th Sigurdsson (b). **Getty Images:** Kevin Schafer (tl). **NASA:** (br). **U.S. Geological Survey:** Lyn Topinko (cra). **28 Alamy Stock Photo:** Arctic Images / Ragnar Th Sigurdsson (clb). **29 Alamy Stock Photo:** Cultura RM / Art Wolfe (tr); Minden Pictures (cra). **Dreamstime.com:** Hel080808 (crb). **Getty Images:** Marco Simoni (br). **30-31 naturepl.com:** Guy Edwardes. **32 Alamy Stock Photo:** Matthijs Wetterauw (clb). **33 Alamy Stock Photo:** Roland Bouvier (tl); RGB Ventures / SuperStock (cra); Siim Sepp (cb). **Dorling Kindersley:** Colin Keates / Natural History Museum, London (ca). **Dreamstime.com:** Uhg1234 (cr). **Getty Images:** Andreas Strauss / LOOK-foto (crb). **36 Alamy Stock Photo:** David Noton Photography (clb). **38-39 Jakub Polomski Photography. 40-41 Alamy Stock Photo:** Aurora Photos / Peter Essick. **41 Science Photo Library:** Bernhard Edmaier (crb). **42-43 Getty Images:** Michael Dunning. **42 Getty Images:** JTB Photo (clb). **44-45 Getty Images:** Feng Wei Photography. **44 Getty Images:** Danita Delimont (clb). **46-47 Alamy Stock Photo:** Geoffrey Morgan. **47 Getty Images:** Hermes Images / AGF / UIG (crb). **48-49 Getty Images:** Travelpix Ltd. **48 Dreamstime.com:** Ocskay Bence (cl). **50 Getty Images:** Joe Klamar (br). **51 Alamy Stock Photo:** Tom Bean (tr). **52-53 123RF.com:** Alexander Garaev. **54-55 Alamy Stock Photo:** imageBROKER / Florian Kopp. **54 Alamy Stock Photo:** Pulsar Images (bl). **56-57 Alamy Stock Photo:** age fotostock / M&G Therin-Weise. **57 Alamy Stock Photo:** age fotostock / M&G Therin-Weise (cr). **58-59 Getty Images:** Steve Allen. **59 iStockphoto.com:** skouatroulio (cr). **60-61 Alamy Stock Photo:** Minden Pictures. **61 Getty Images:** Sylvester Adams (crb). **62-63 Getty Images:** Yann Arthus-Bertrand. **63 National Geographic Creative:** Stephen Alvarez (cr). **64 Alamy Stock Photo:** John Warburton-Lee Photography (bl). **66-67 Getty Images:** Nigel Pavitt. **68-69 Getty Images:** Martin Harvey. **68 Getty Images:** Ch'ien Lee / Minden Pictures (clb). **70-71 Getty Images:** Eddie Lluisma. **70 Alamy Stock Photo:** Minden Pictures (cl). **74-75 naturepl.com:** Doug Perrine. **74 Getty Images:** Jim Sugar (cl). **76-77 Dreamstime.com:** Gardendreamer. **78 NASA:** Jeff Schmaltz, LANCE / EOSDIS MODIS Rapid Response Team (clb). **80-81 Getty Images:** Barcroft Media / Barcroft Images / Joel Santos. **80 Getty Images:** Michael Poliza (bl). **82-83 Dreamstime.com:** Dirk Sigmund. **82 iStockphoto.com:** guenterguni (cl). **84-85 Getty Images:** Heath Korvola. **84 Dreamstime.com:** Jan Mika (clb). **86 Science Photo Library:** B. Murton / Southampton Oceanography Centre (tl). **87 imagequestmarine.com:** (cla). **88-89 Getty Images:** Martin Yon. **88 Getty Images:** Planet Observer (clb). **90 Dreamstime.com:** Olliirg (cl). **91 Getty Images:** Tom Pfeiffer / VolcanoDiscovery (cra). **92-93 Science Photo Library:** Bernard Edmaier. **94 Alamy Stock Photo:** D. Hurst (tl). **96-97 Getty Images:** Danita Delimont. **100-101 Dreamstime.com:** Davidrh. **100 Getty Images:** Chlaus Lotscher (clb). **102-103 Getty Images:** Tom Nevesely. **103 William Bowen:** (crb). **104 Alamy Stock Photo:** age fotostock / Gonzalo Azumendi (cl). **104-105 Imagelibrary India Pvt Ltd:** Peng Shi. **106-107 Terrence Lee / Terenceleezy. 106 Alamy Stock Photo:** Design Pics Inc / John Hyde (cl). **108 Alamy Stock Photo:** Nature Picture Library (clb). **109 NASA:** NASA Earth Observatory maps by Joshua Stevens, using AMSR2 data supplied by GCOM-W1 / JAXA (r). **110-111 Getty Images:** Ben Cranke. **112-113 Getty Images:** Mark J. Thomas. **113 Getty Images:** Paul Souders (cr). **114-115 Joel A. Hagen. 114 Robert Harding Picture Library:** Matthias Baumgartner (cl). **116-117 Getty Images:** Anton Petrus. **117 Solent Picture Desk / Solent News & Photo Agency, Southampton:** (cr). **120-121 Rex Shutterstock:** AirPano.com / Solent News. **120 Getty Images:** Rieger Bertrand / hemis.fr (cl). **122-123 Alamy Stock Photo:** Aurora Photos / Ryan Deboodt. **122 John Spies:** (cl). **124-125 Getty Images:** Layne Kennedy. **124 Alamy Stock Photo:** WILDLIFE GmbH (bl). **126-127 Imagelibrary India Pvt Ltd:** Seth Aronstam. **126 Dreamstime.com:** Bragearonsen (cl). **128-129 Alamy Stock Photo:** Tom Till. **128 Alamy Stock Photo:** Tom Till (clb). **130-131 Getty Images:** John and Tina Reid. **131 Getty Images:** Funkystock (cr). **133 Dreamstime.com:** Andreas Wass (cr). **Getty Images:** D. Parer & E. Parer-Cook / Minden Pictures (bc). **134-135 Getty Images:** Andrew Watson. **136-137 Getty Images:** Universal Images Group. **137 Getty Images:** Majority World (crb). **138-139 Getty Images:** Jane Sweeney. **139 123RF.com:** alicenerr (crb). **140-141 Getty Images:** Yann Arthus-Bertrand. **140 Getty Images:** David Doubilet (cl). **142-143 Getty Images:** Anup Shah / Nature Picture Library. **142 Getty Images:** Paul & Paveena Mckenzie (cl). **146-147 Greg McCown / SaguaroPicture. 146 Alamy Stock Photo:** TravelStockCollection - Homer Sykes (cl). **148-149 Martin Rietze. 150-151 Sean R. Heavey. 150 Science Photo Library:** Paul D Stewart (cl). **152-153 Brian A. Morganti. 152 Getty Images:** Tasos Katopodis (clb). **154 Press Association Images:** John Locher / AP Photo (cl); AP Photo / John Locher (cr). **154-155 Chopperguy.com:** Photographer Jerry Ferguson, Pilot Andrew Park. **157 Getty Images:** Mario Tama (tr). **158-159 Alamy Stock Photo:** NOAA Handout / Gado. **160-161 Imagelibrary India Pvt Ltd:** Krzysztof Hanusiak. **161 Getty Images:** Guenter Fischer (crb). **162-163 Getty Images:** David McNew. **162 NSW Rural Fire Service:** (clb). **164-165 Getty Images:** Noppawat Tom Charoensinphon. **165 NASA:** Imager for Magnetopause-to-Aurora Global Exploration (crb). **166-167 Press Association Images:** Biswaranjan Rout / AP. **167 Getty Images:** Sami Sarkis (crb). **168-169 Nasser Alomari. 168 Photoshot:** (clb). **172 Press Association Images:** AP Photo (cl). **172-173 Rex Shutterstock:** Dennis M. Sabangan / EPA. **174-175 Getty Images:** The Asahi Shimbun. **174 Rex Shutterstock:** Miyako City Officer (clb). **176-177 Getty Images:** Cultura RM Exclusive / Lost Horizon Images. **176 123RF.com:** Paolo Gianfrancesco (cl). **178-179 Alberto Garcia. 178 U.S. Geological Survey:** T. J. Casadevall (clb). **180-181 Alamy Stock Photo:** imageBROKER / Josef Beck. **182-183 Getty Images:** Paul Crock. **183 Getty Images:** William West / AFP (cr). **184-185 Getty Images:** Robyn Beck / AFP. **184 Getty Images:** Benjamin Lowy (cr). **186-187 123RF.com:** Manuel Perez Medina. **186 FLPA:** Photo Researchers (clb). **190-191 National Geographic Creative:** Frans Lanting. **192-193 naturepl.com:** Wim van den Heever. **193 Getty Images:** Martin Harvey (c). **194-195 Dreamstime.com:** Jonmanjeot. **195 Alamy Stock Photo:** Cultura RM / Image Source (bc). **196-197 Alamy Stock Photo:** robertharding / Ian Egner. **196 naturepl.com:** Andy Sands (bl). **198-199 naturepl.com:** Bryan and Cherry Alexander. **198 Alamy Stock Photo:** Robert McGouey / Wildlife (bl). **200-201 Promote Iceland:** Ragnar Th. Sigurdsson. **201 Alamy Stock Photo:** age fotostock / Michael S. Nolan (bc). **202-203 SeaPics.com:** C & M Fallows. **202 Alamy Stock Photo:** GM Photo Images (bl). **204 Getty Images:** Tom Pfeiffer / VolcanoDiscovery (ftr); Andrew Watson (tr). **Robert Harding Picture Library:** Matthias Baumgartner (tc). **206 Alamy Stock Photo:** Minden Pictures (tc). **Getty Images:** Layne Kennedy (ftr); Martin Yon (tr). **208 Alamy Stock Photo:** Geoffrey Morgan (tr)

Front Endpapers: **Getty Images:** Yann Arthus-Bertrand 0; *Back Endpapers:* **Getty Images:** Yann Arthus-Bertrand 0

All other images © Dorling Kindersley
For further information see:
www.dkimages.com